JN123963

固体物性科学

Fundamentals of Solid State Physics

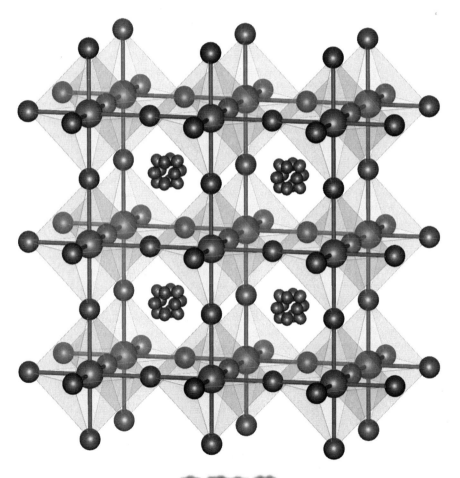

奥 健夫 著

三恵社

はじめに

　現代科学技術を支える様々な材料では、これらの物質中の原子配列、電子、光等の振る舞いが、材料の性質を支配している。材料科学の基礎である固体物性の概論・基礎の理解と応用が本書のねらいである。本書では、原子配列から結晶構造、回折、格子振動、電子構造、金属、誘電体、磁性体、半導体、超伝導体などをとりあげ、さらに格子欠陥、拡散、相転移、構造解析についても触れる。

　現在、固体に関する様々な優れた専門書が出ている。これら固体物性の専門書を見ると、理論の数学的導出などに多くのページが費やされており、固体物性初学者にとっては、戸惑うことも多い。また目の前のデータを実際にすぐ解析するには、少々使いにくいという本も多く、固体物性初学者向けに書かれた書籍は意外と少ない。本書では、固体材料に関する実験や研究を実際に始めた方、とりあえず様々な固体材料のデータを取得し解析してみたいという方々にも役立つよう、数式の理論的導出などは極力排除し、固体物性に関する実際的な面を重視し、最先端の解析手法にも触れながら、日常の実験で対面する様々な現象を解析したり、理解したりするのに直接役立つ内容を目指した。大学だけでなく、企業や研究所で実際に研究開発を行っている人にも役立つであろう。

　本書は、とりあえず目の前の試料からデータを出して解析したいという方向きである。様々な固体材料の研究で気をつけなければならないのは、データの精度・質を見極める目を持つことである。これには数式の理論的導出をいろいろ勉強するよりも、数式を用いた実際の解析例を多数見て、自分でもその解析を行い、データの質を見分ける目を養うことも重要である。そのような方々に必要なのは、理論の細かい数学的導出方法ではなく、数式に基づいた実際のデータの解析方法の理解ということになろう。またそのような解析を通じて、物理や化学の数学的形式に潜む「概念」や「哲学」への気づきが生じればと願う次第である。

　もちろん固体材料の実験から解析までを完璧にこなそうという研究者にとっては、固体物性の専門書を熟読し理解することは必要不可欠である。固体物性をより専門的に深く勉強したい方には、巻末の参考図書が参考になるであろう。ただ多くの方々は、固体物性の完全な理解を望むよりも、目の前のデータをある程度理解し、自分に必要な情報を引き出したいという必要に迫られている。その様な方々にとって、本書が少しでもお役に立てれば幸いである。

　本書に紹介させていただいた内容の一部は、東北大学 平賀賢二名誉教授、進藤大輔教授、青柳英二技術員、平林眞名誉教授、庄野安彦名誉教授、スウェーデン・ルンド大学 Jan-Olov Bovin教授、岩手医科大学 中島理教授、東北福祉大学 菊地昌枝

教授、ドイツ・マックスプランク研究所 Martin Jansen教授、大阪大学産業科学研究所 成田一人博士、小井成弘氏、菅沼克昭教授、京都大学 村上正紀名誉教授、日本重化学工業株式会社 松田敏紹氏、三菱マテリアル株式会社 玉生良孝氏、ベルギー・ゲント大学 Els Bruneel博士、滋賀県立大学 角田成明氏、武田暁洋氏、永田昭彦氏、北尾匠矢氏、野間達也氏、上岡直樹博士、田口雅也氏、鈴木厚志講師、秋山毅准教授、菊地憲次教授、菊池潮美教授、英国・ケンブリッジ大学キャベンディッシュ研究所 Brian D. Josephson教授、株式会社クリーンベンチャー21 金森洋一研究員、室園幹夫社長、オリヱント化学工業株式会社、山﨑康寛博士、大阪ガスケミカル株式会社、大北正信氏、福西佐季子氏、南聡史氏、立川友晴氏、他にも数多くの方々との共同研究であり、深谷美咲実習助手、寺田美恵実習助手、柏原清美実習助手にも多大なるご協力をいただいた。また本書では、巻末の参考文献（特にCharles Kittel先生、沼居貴陽先生、黒沢達美先生、村石治人先生の著書等）やウェブサイトから多くの図表を改編し引用させていただいている。ここに深く感謝する次第である。

2021年9月　　奥 健夫

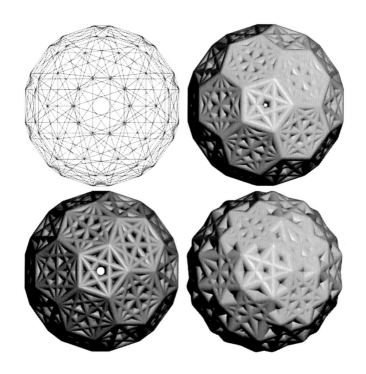

目次

序章　基礎事項

第1章　結晶構造

第2章　X線回折

第12章　超伝導体

第13章　欠陥・拡散・相転移

第14章　電子顕微鏡による情報

コラム

序章

基礎事項

国際単位系（SI単位系）

量	単位	記号	次元
長さ	meter（メーター）	m	
質量	kilogram（キログラム）	kg	
時間	second（秒）	s	
温度	kelvin（ケルビン）	K	
電流	ampere（アンペア）	A	
光度	candela（カンデラ）	cd	
角度	radian（ラジアン）	rad	
周波数	hertz（ヘルツ）	Hz	s^{-1}
力	newton（ニュートン）	N	$Kg\,m\,s^{-2}$
圧力	pascal（パスカル）	Pa	$N\,m^{-2}$
エネルギー	joule（ジュール）	J	$N\,m$
仕事率	watt（ワット）	W	$J\,s^{-1}$
電荷・電気量	coulomb（クーロン）	C	$A\,s$
電位	volt（ボルト）	V	$J\,C^{-1}$
伝導率	siemens（ジーメンス）	S	$A\,V^{-1}$
電気抵抗	ohm（オーム）	Ω	$V\,A^{-1}$
静電容量	farad（ファラド）	F	$C\,V^{-1}$
磁束	weber（ウエーバ）	Wb	$V\,s$
磁束密度	tesla（テスラ）	T	$Wb\,m^{-2}$
インダクタンス	henry（ヘンリー）	H	$Wb\,A^{-1}$
光束	lumen（ルーメン）	Lm	$Cd\,rad$

ギリシャ文字

小文字	大文字	文字	小文字	大文字	文字
α	A	Alpha（アルファ）	ν	N	Nu（ニュー）
β	B	Beta（ベータ）	ξ	Ξ	Xi（クシー）
γ	Γ	Gamma（ガンマ）	o	O	Omicron（オミクロン）
δ	Δ	Delta（デルタ）	π	Π	Pi（パイ）
ε	E	Epsilon（エプシロン）	ρ	P	Rho（ロー）
ζ	Z	Zeta（ジータ）	σ	Σ	Sigma（シグマ）
η	H	Eta（イータ）	τ	T	Tau（タウ）
θ	Θ	Theta（セータ）	υ	Y	Upsilon（ユプシロン）
ι	I	Iota（イオータ）	φ	Φ	Phi（ファイ）
κ	K	Kappa（カッパ）	χ	X	Chi（カイ）
λ	Λ	Lambda（ラムダ）	ψ	Ψ	Psi（プサイ）
μ	M	Mu（ミュー）	ω	Ω	Omega（オメガ）

物理定数

物理量	記号	数値	SI 単位
真空中の光の速さ	c	2.99792458×10^{8}	m s^{-1}
プランク定数	h	6.62607×10^{-34}	J s
換算プランク定数	$\hbar = h/2\pi$	1.05457×10^{-34}	J s
重力定数	G	6.67384×10^{-11}	$\text{m}^{3}\,\text{s}^{-2}\,\text{kg}^{-1}$
電子素量	e	1.60218×10^{-19}	A s (C)
電子の静止質量	$m_e, \ m_0$	9.10938×10^{-31}	kg
陽子の静止質量	m_p	1.67262×10^{-27}	kg
ボルツマン定数	$k, \ k_B$	1.38065×10^{-23}	J K^{-1}
真空の透磁率	$\mu_0 = 4\pi \times 10^{-7}$	1.25664×10^{-6}	$\text{H m}^{-1}\,(\text{NA}^{-2})$
真空の誘電率	$\varepsilon_0 = 1/\mu_0 c^2$	8.85419×10^{-12}	$\text{F m}^{-1}\,(\text{NV}^{-2})$
アボガドロ定数	N_A	6.02214×10^{23}	mol^{-1}
気体定数	$R = k N_A$	8.31446	$\text{J K}^{-1}\,\text{mol}^{-1}$

量	記号	値
オングストローム	Å	$0.1\ \text{nm} = 10^{-10}\ \text{m}$
エレクトロン（電子）ボルト	eV	$1.60218 \times 10^{-19}\ \text{J}$
1 eV 光子の波長	λ	1239.84 nm
標準大気圧	atm	$1.01325 \times 10^{5}\ \text{Pa}$

 周期律表と原子量

1	2	3	4	5	6	7	8	9	10	11	12	13	14	15	16	17	18
₁H 水素 1.008																	₂He ヘリウム 4.003
₃Li リチウム 6.941	₄Be ベリリウム 9.012											₅B ホウ素 10.81	₆C 炭素 12.01	₇N 窒素 14.01	₈O 酸素 16.00	₉F フッ素 19.00	₁₀Ne ネオン 20.18
₁₁Na ナトリウム 22.99	₁₂Mg マグネシウム 24.31				元素記号 → / 元素名 → / 原子量 (u) →							₁₃Al アルミニウム 26.98	₁₄Si ケイ素 28.09	₁₅P リン 30.97	₁₆S 硫黄 32.07	₁₇Cl 塩素 35.45	₁₈Ar アルゴン 39.95
₁₉K カリウム 39.10	₂₀Ca カルシウム 40.08	₂₁Sc スカンジウム 44.96	₂₂Ti チタン 47.87	₂₃V バナジウム 50.94	₂₄Cr クロム 52.00	₂₅Mn マンガン 54.94	₂₆Fe 鉄 55.85	₂₇Co コバルト 58.93	₂₈Ni ニッケル 58.69	₂₉Cu 銅 63.55	₃₀Zn 亜鉛 65.41	₃₁Ga ガリウム 69.72	₃₂Ge ゲルマニウム 72.64	₃₃As ヒ素 74.92	₃₄Se セレン 78.96	₃₅Br 臭素 79.90	₃₆Kr クリプトン 83.80
₃₇Rb ルビジウム 85.47	₃₈Sr ストロンチウム 87.62	₃₉Y イットリウム 88.91	₄₀Zr ジルコニウム 91.22	₄₁Nb ニオブ 92.91	₄₂Mo モリブデン 95.94	₄₃Tc テクネチウム (99)	₄₄Ru ルテニウム 101.1	₄₅Rh ロジウム 102.9	₄₆Pd パラジウム 106.4	₄₇Ag 銀 107.9	₄₈Cd カドミウム 112.4	₄₉In インジウム 114.8	₅₀Sn スズ 118.7	₅₁Sb アンチモン 121.8	₅₂Te テルル 127.6	₅₃I ヨウ素 126.9	₅₄Xe キセノン 131.3
₅₅Cs セシウム 132.9	₅₆Ba バリウム 137.3	57-71 ランタノイド ♦	₇₂Hf ハフニウム 178.5	₇₃Ta タンタル 180.9	₇₄W タングステン 183.8	₇₅Re レニウム 186.2	₇₆Os オスミウム 190.2	₇₇Ir イリジウム 192.2	₇₈Pt 白金 195.1	₇₉Au 金 197.0	₈₀Hg 水銀 200.6	₈₁Tl タリウム 204.4	₈₂Pb 鉛 207.2	₈₃Bi ビスマス 209.0	₈₄Po ポロニウム (210)	₈₅At アスタチン (210)	₈₆Rn ラドン (222)
₈₇Fr フランシウム (223)	₈₈Ra ラジウム (226)	89-103 アクチノイド ♦♦	₁₀₄Rf ラザホージウム (267)	₁₀₅Db ドブニウム (268)	₁₀₆Sg シーボーギウム (271)	₁₀₇Bh ボーリウム (272)	₁₀₈Hs ハッシウム (277)	₁₀₉Mt マイトネリウム (276)	₁₁₀Ds ダームスタチウム (281)	₁₁₁Rg レントゲニウム (280)							

♦	₅₇La ランタン 138.9	₅₈Ce セリウム 140.1	₅₉Pr プラセオジム 140.9	₆₀Nd ネオジム 144.2	₆₁Pm プロメチウム (145)	₆₂Sm サマリウム 150.4	₆₃Eu ユウロピウム 152.0	₆₄Gd ガドリニウム 157.3	₆₅Tb テルビウム 158.9	₆₆Dy ジスプロシウム 162.5	₆₇Ho ホルミウム 164.9	₆₈Er エルビウム 167.3	₆₉Tm ツリウム 168.9	₇₀Yb イッテルビウム 173.0	₇₁Lu ルテチウム 175.0
♦♦	₈₉Ac アクチニウム (227)	₉₀Th トリウム 232.0	₉₁Pa プロトアクチニウム 231.0	₉₂U ウラン 238.0	₉₃Np ネプツニウム (237)	₉₄Pu プルトニウム (239)	₉₅Am アメリシウム (243)	₉₆Cm キュリウム (247)	₉₇Bk バークリウム (247)	₉₈Cf カリホルニウム (252)	₉₉Es アインスタイニウム (252)	₁₀₀Fm フェルミウム (257)	₁₀₁Md メンデレビウム (258)	₁₀₂No ノーベリウム (259)	₁₀₃Lr ローレンシウム (262)

記号

記号	定義／説明	単位
a	格子定数	Å, nm
B	磁束密度	Wb m^{-2}
c	真空中の光速	m s^{-1}
C	電気容量	F
D	拡散係数	cm^2 s^{-1}
e	電子の電荷（電気素量）	C
E	エネルギー	J, eV
E_C	伝導帯下端のエネルギー	eV
E_F	フェルミ準位	eV
E_g	バンドギャップエネルギー	eV
E_V	価電子帯上端のエネルギー	eV
E	電界、電場	V cm^{-1}
f	周波数	Hz, s^{-1}
$f(E)$	フェルミ・ディラック分布関数	
h	プランク定数	J s
I	電流	A
J	電流密度	A cm^{-2}
k, k_B	ボルツマン定数	J K^{-1}
kT	熱エネルギー	eV
L	長さ	cm, m
m_0, m_e	静止電子の質量	kg
m_n	電子の有効質量	kg
m_p	正孔（ホール）の有効質量	kg
n	屈折率	
n	自由電子密度	cm^{-3}
n_i	真性キャリア密度	cm^{-3}
N	ドーピング濃度	cm^{-3}
N_A	アクセプタ濃度	cm^{-3}
N_C	伝導帯の有効状態密度	cm^{-3}
N_D	ドナー濃度	cm^{-3}
N_V	価電子帯の有効状態密度	cm^{-3}
p	自由正孔密度	cm^{-3}
P	圧力	Pa
R	電気抵抗	Ω
R	気体定数	J K^{-1} mol^{-1}
t	時間	s
T	絶対温度	K
v	伝導電子速度、キャリア速度	cm s^{-1}
V	電圧	V
ε_0	真空の誘電率	F cm^{-1}
ε_s	半導体の誘電率	F cm^{-1}
ε	比誘電率 $\varepsilon_s/\varepsilon_0$	
τ	寿命	s
θ	角度	°, rad
λ	波長	nm, μm
ν	光の振動数	Hz
μ_0	真空中の透磁率	H m^{-1}
μ_n	電子移動度	cm^2 V^{-1} s^{-1}
μ_p	ホール移動度	cm^2 V^{-1} s^{-1}
ρ	比抵抗	Ω cm
φ	金属の仕事関数	eV
ω	角速度	rad s^{-1}

原子の電子配置表

電子殻		K	L		M			N				O				P				Q
主量子数 n		1	2		3			4				5				6				7
電子状態		1s	2s	2p	3s	3p	3d	4s	4p	4d	4f	5s	5p	5d	5f	6s	6p	6d	6f	7s
1	H	1																		
2	He	2																		
3	Li	2	1																	
4	Be	2	2																	
5	B	2	2	1																
6	C	2	2	2																
7	N	2	2	3																
8	O	2	2	4																
9	F	2	2	5																
10	Ne	2	2	6																
11	Na	2	2	6	1															
12	Mg	2	2	6	2															
13	Al	2	2	6	2	1														
14	Si	2	2	6	2	2														
15	P	2	2	6	2	3														
16	S	2	2	6	2	4														
17	Cl	2	2	6	2	5														
18	Ar	2	2	6	2	6														
19	K	2	2	6	2	6		1												
20	Ca	2	2	6	2	6		2												
21	Sc	2	2	6	2	6	1	2												
22	Ti	2	2	6	2	6	2	2												
23	V	2	2	6	2	6	3	2												
24	Cr	2	2	6	2	6	5	1												
25	Mn	2	2	6	2	6	5	2												
26	Fe	2	2	6	2	6	6	2												
27	Co	2	2	6	2	6	7	2												
28	Ni	2	2	6	2	6	8	2												
29	Cu	2	2	6	2	6	10	1												
30	Zn	2	2	6	2	6	10	2												
31	Ga	2	2	6	2	6	10	2	1											
32	Ge	2	2	6	2	6	10	2	2											
33	As	2	2	6	2	6	10	2	3											
34	Se	2	2	6	2	6	10	2	4											
35	Br	2	2	6	2	6	10	2	5											
36	Kr	2	2	6	2	6	10	2	6											
37	Rb	2	2	6	2	6	10	2	6			1								
38	Sr	2	2	6	2	6	10	2	6			2								
39	Y	2	2	6	2	6	10	2	6	1		2								
40	Zr	2	2	6	2	6	10	2	6	2		2								
41	Nb	2	2	6	2	6	10	2	6	4		1								
42	Mn	2	2	6	2	6	10	2	6	5		1								
43	Tc	2	2	6	2	6	10	2	6	5		2								
44	Ru	2	2	6	2	6	10	2	6	7		1								
45	Rh	2	2	6	2	6	10	2	6	8		1								
46	Pd	2	2	6	2	6	10	2	6	10										
47	Ag	2	2	6	2	6	10	2	6	10		1								
48	Cd	2	2	6	2	6	10	2	6	10		2								
49	In	2	2	6	2	6	10	2	6	10		2	1							
50	Sn	2	2	6	2	6	10	2	6	10		2	2							
51	Sb	2	2	6	2	6	10	2	6	10		2	3							
52	Te	2	2	6	2	6	10	2	6	10		2	4							
53	I	2	2	6	2	6	10	2	6	10		2	5							
54	Xe	2	2	6	2	6	10	2	6	10		2	6							

第一遷移元素：21 Sc ～ 29 Cu

第二遷移元素：39 Y ～ 47 Ag

原子の電子配置表②

※ランタノイドおよびアクチノイドは推定配置も含み、LaおよびAcは内部遷移元素に含まれない。

電子殻	K	L		M			N				O				P				Q
主量子数 n	1	2		3			4				5				6				7
電子状態	1s	2s	2p	3s	3p	3d	4s	4p	4d	4f	5s	5p	5d	5f	6s	6p	6d	6f	7s
55 Cs	2	2	6	2	6	10	2	6	10		2	6			1				
56 Ba	2	2	6	2	6	10	2	6	10		2	6			2				
57 La	2	2	6	2	6	10	2	6	10		2	6	1		2				
58 Ce	2	2	6	2	6	10	2	6	10	2	2	6			2				
59 Pr	2	2	6	2	6	10	2	6	10	3	2	6			2				
60 Nd	2	2	6	2	6	10	2	6	10	4	2	6			2				
61 Pm	2	2	6	2	6	10	2	6	10	5	2	6			2				
62 Sm	2	2	6	2	6	10	2	6	10	6	2	6			2				
63 Eu	2	2	6	2	6	10	2	6	10	7	2	6			2				
64 Gd	2	2	6	2	6	10	2	6	10	7	2	6	1		2				
65 Tb	2	2	6	2	6	10	2	6	10	9	2	6			2				
66 Dy	2	2	6	2	6	10	2	6	10	10	2	6			2				
67 Ho	2	2	6	2	6	10	2	6	10	11	2	6			2				
68 Er	2	2	6	2	6	10	2	6	10	12	2	6			2				
69 Tm	2	2	6	2	6	10	2	6	10	13	2	6			2				
70 Yb	2	2	6	2	6	10	2	6	10	14	2	6			2				
71 Lu	2	2	6	2	6	10	2	6	10	14	2	6	1		2				
72 Hf	2	2	6	2	6	10	2	6	10	14	2	6	2		2				
73 Ta	2	2	6	2	6	10	2	6	10	14	2	6	3		2				
74 W	2	2	6	2	6	10	2	6	10	14	2	6	4		2				
75 Re	2	2	6	2	6	10	2	6	10	14	2	6	5		2				
76 Os	2	2	6	2	6	10	2	6	10	14	2	6	6		2				
77 Ir	2	2	6	2	6	10	2	6	10	14	2	6	9						
78 Pt	2	2	6	2	6	10	2	6	10	14	2	6	9		1				
79 Au	2	2	6	2	6	10	2	6	10	14	2	6	10		1				
80 Hg	2	2	6	2	6	10	2	6	10	14	2	6	10		2				
81 Tl	2	2	6	2	6	10	2	6	10	14	2	6	10		2	1			
82 Pb	2	2	6	2	6	10	2	6	10	14	2	6	10		2	2			
83 Bi	2	2	6	2	6	10	2	6	10	14	2	6	10		2	3			
84 Po	2	2	6	2	6	10	2	6	10	14	2	6	10		2	4			
85 At	2	2	6	2	6	10	2	6	10	14	2	6	10		2	5			
86 Rn	2	2	6	2	6	10	2	6	10	14	2	6	10		2	6			
87 Fr	2	2	6	2	6	10	2	6	10	14	2	6	10		2	6			1
88 Ra	2	2	6	2	6	10	2	6	10	14	2	6	10		2	6			2
89 Ac	2	2	6	2	6	10	2	6	10	14	2	6	10		2	6	1		2
90 Th	2	2	6	2	6	10	2	6	10	14	2	6	10		2	6	2		2
91 Pa	2	2	6	2	6	10	2	6	10	14	2	6	10	2	2	6	1		2
92 U	2	2	6	2	6	10	2	6	10	14	2	6	10	3	2	6	1		2
93 Np	2	2	6	2	6	10	2	6	10	14	2	6	10	4	2	6	1		2
94 Pu	2	2	6	2	6	10	2	6	10	14	2	6	10	6	2	6			2
95 Am	2	2	6	2	6	10	2	6	10	14	2	6	10	7	2	6			2
96 Cm	2	2	6	2	6	10	2	6	10	14	2	6	10	7	2	6	1		2
97 Bk	2	2	6	2	6	10	2	6	10	14	2	6	10	9(8)	2	6	(1)		2
98 Cf	2	2	6	2	6	10	2	6	10	14	2	6	10	10	2	6			2
99 Es	2	2	6	2	6	10	2	6	10	14	2	6	10	11	2	6			2
100 Fm	2	2	6	2	6	10	2	6	10	14	2	6	10	12	2	6			2
101 Md	2	2	6	2	6	10	2	6	10	14	2	6	10	13	2	6			2
102 No	2	2	6	2	6	10	2	6	10	14	2	6	10	14	2	6			2
103 Lr	2	2	6	2	6	10	2	6	10	14	2	6	10	14	2	6	1		2

左側の縦書きラベル：
- 57 La〜71 Lu：第三遷移元素（内部遷移元素）　*ランタノイド
- 89 Ac〜103 Lr：第四遷移元素（内部遷移元素）　*アクチノイド

第 1 章

結晶構造

原子配列と結晶

　原子配列により半導体、超伝導体、磁性体、金属など様々な物質と物性が生じる。例として炭素原子を図に示す。炭素原子の配列によって、さまざまな構造ができる。1個の炭素原子には、電子による4つの結合がある。4本の結合手を全部使って、4個の水素原子をつければメタン（CH_4）分子となる。今度は4本の結合の全部に、4個の炭素原子を結合すれば4面体構造ができ、さらに炭素原子をつけていくとダイヤモンドになる。この周期的な原子配列を「結晶」という。

　炭素原子には4個の価電子があるが、3個を他の炭素と結ぶと平面状に炭素が並び、1個の電子が残る。この電子は雲のように、この平面の上下にぼんやり存在し、パイ（π）電子と呼ばれている。これを周期的に配列すると、炭素の6角形構造であるグラファイト（黒鉛）となる。炭や鉛筆の芯には、このグラファイトが入っている。またこの6角形構造が円筒状になったものが、カーボンナノチューブであり、球形になったものが、フラーレンである。炭素原子はこのように、グラファイト、フラーレン、ダイヤモンド、カーボンナノチューブなど様々な同素体構造をもち、電気的性質も金属－半導体－絶縁体と大きく変化し、炭素だけで形成するオールカーボンエレクトロニクスなども提案されている。

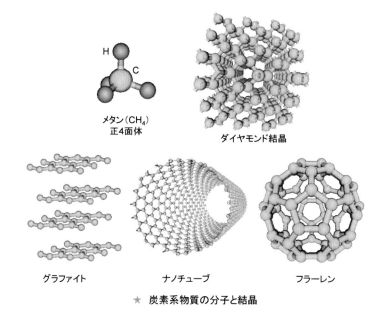

メタン（CH_4）
正4面体

ダイヤモンド結晶

グラファイト　　　　　ナノチューブ　　　　　フラーレン

★　炭素系物質の分子と結晶

結晶格子

　結晶格子は、結晶の並進対称性を示す実空間の格子である。実空間において3つの基本並進ベクトルが形成する平行六面体が**単位胞**(unit cell)であり、*a*、*b*、*c* の3つのベクトルとその間の角度α、β、γ で表される。この単位格子を3次元的に周期的に並べたのが結晶である。結晶格子は単位胞を3次元的に積み重ねたものである。

　このとき単位格子は回転させず、平行移動させるだけであり、単位格子は、立方体、直方体などの平行六面体になる。この平行六面体の対称性で7種類の結晶系に分類することができ、対称性の高い方から、立方晶、正方晶、菱面体晶、六方晶、斜方晶、単斜晶、三斜晶となる。

★ 7つの結晶系と14の結晶格子（ブラベー格子）：単純 P、底心 C、体心 I、面心 F

結晶系	単位格子の軸と角に対する制限	格子形状
三斜晶系 triclinic	$a \neq b \neq c$ $\alpha \neq \beta \neq \gamma \neq 90°$	P
単斜晶系 monoclinic	$a \neq b \neq c$ $\alpha = \gamma = 90° \neq \beta$	P　　　C
斜方晶系 orthorhombic	$a \neq b \neq c$ $\alpha = \beta = \gamma = 90°$	P　I　C　F
正方晶系 tetragonal	$a_1 = a_2 \neq a_3$ $\alpha = \beta = \gamma = 90°$	P　　　I
立方晶系 cubic	$a_1 = a_2 = a_3$ $\alpha = \beta = \gamma = 90°$	P　I　F
菱面体晶系 rhombohedral	$a_1 = a_2 = a_3$ $\alpha = \beta = \gamma < 120°$, $\neq 90°$	R
六方晶系 hexagonal	$a_1 = a_2 \neq a_3$ $\alpha = \beta = 90°$, $\gamma = 120°$	P

　結晶を形づくる格子が結晶格子である。この格子点上で、回転対称操作を施すことで実現可能な結晶系は7つ存在する。さらに並進対称性も考慮して分類すると存在可能な格子は14種類である。この14種の格子を**ブラベー格子**と呼び、フランスの結晶学者Bravaisが1848年に示したものである。面心や体心にも原子が存在した場合、単位格子一辺分も動かさなくても、（$a/2, a/2, 0$）動かすだけで元の構造と重なる。これは動かす距離が一辺分より小さいため、並進対称性が異なる。

　菱面体晶構造は、単位胞体積を3倍大きくすれば六方晶として指数付けできる。六方晶の指数の方が実際の結晶の構造を記述しやすいので、しばしば菱面体晶構造を六方晶の指数に変換して使用される。

空間群と格子定数

　周期表の図に示すように、元素ごとにどのような構造をもつかが調べられている。ここで**空間群**と言うのは、**結晶構造**の対称性を記述するのに用いられる群で、群のもととなる対称操作は、点群での対称操作（恒等操作、回転操作、鏡映操作、反転操作、回映操作、回反操作）に加え、並進操作（すべての点を平行に移動させる操作）である。空間群は全部で230種類あり、すべての結晶はそのうちの1つに属している。ただし実際の原子の配列は、原子の性質や化学結合によるため、大半の結晶構造は100種類程度の空間群に含まれる。

　空間群を記述する方法には、ヘルマン・モーガン記号（Hermann-Mauguin）とシェーンフリース記号（Schoenflies）の2つがあり、それぞれ、結晶構造及び分子構造を示すのに使われる。

★　一般的な半導体と金属の構造と格子定数（Å）

閃亜鉛鉱構造 a		面心立方 a		六方最密充填 a, c			体心立方 a	
SiC	4.360	Cu	3.615	Be	2.286	3.584	Fe	2.866
GaAs	5.653	Ag	4.086	Mg	3.209	5.211	Cr	2.885
ZnS	5.409	Au	4.078	Zn	2.665	4.947	Mo	3.147
AlP	5.451	Al	4.050	Cd	2.979	5.617	W	3.165
GaP	5.460	Ni	3.524	Ti	2.951	4.679	Ta	3.303
ZnSe	5.669	Pd	3.891	Zr	3.231	5.148	Ba	5.019
AlAs	5.661	Pt	3.924	Ru	2.706	4.282		
InSb	6.479	Pb	4.950	Os	2.735	4.319		
				Re	2.760	4.458		

★ 元素の結晶構造（室温）

凡例（構造の種類と空間群）

面心立方構造	$Fm3m$, O_h^5
六方最密構造	$P6_3/mmc$, D_{6h}^4
ダイヤモンド構造	$Fd3m$, O_h^7
体心立方構造	$Im3m$, O_h^9
菱面体構造	$R3m$, D_{3d}^5
右手・左手セレン構造	$P3_121$, D_3^4; 3_221, D_3^6

各セルの記載内容

元素 ／ 空間群の記号 ／ 格子定数 a ／ 格子定数 b ／ 格子定数 c

Landolt-Börnstein, New Series Vol. III. b: Structure Data of Elements and Intermetallic Phases (Springer, Berlin, Heidelberg 1971)

1	2	3	4	5	6	7	8	9	10	11	12	13	14	15	16	17	18
H₂ P6₃/mmc 3.776/--/6.162																	α-⁴He P6₃/mmc 3.531/--/5.693
Li Im3m 3.510	α-Be P6₃/mmc 2.287/--/3.583											α-B R3m(rhomb) 5.057	C Fd3m 3.567	α-N₂ P2₁3 5.644	α-O₂ C2/m 5.403/3.429/5.086	α-F₂ C2/m --/--/--	Ne Fm3m 4.455
α-Na P6₃/mmc 3.767/--/3.154	Mg P6₃/mmc 3.209/--/5.210											Al Fm3m 4.050	Si Fd3m 5.431	P Cmca 3.314/10.478/4.376	α-S₈ Fddd 10.465/12.866/24.486	Cl₂ Cmca 6.24/4.48/8.26	Ar Fm3m 5.311
K Im3m 5.32	α-Ca Fm3m 5.588	α-Sc P6₃/mmc 3.309/--/5.273	α-Ti P6₃/mmc 2.951/--/4.684	V Im3m 3.024	Cr Im3m 2.885	α-Mn I43m 8.914	α-Fe Im3m 2.866	α-Co Fm3m 3.544	Ni Fm3m 3.524	Cu Fm3m 3.615	Zn P6₃/mmc 2.664/--/4.947	α-Ga Cmca 4.519/7.657/4.526	Ge Fd3m 5.658	α-As R3m 4.132	Se P3₁21 4.366/--/4.959	Br₂ Cmca 6.737/4.548/8.761	Kr Fm3m 5.721
Rb Im3m 5.700	α-Sr Fm3m 6.085	α-Y P6₃/mmc 3.647/--/5.731	α-Zr P6₃/mmc 3.232/--/5.148	Nb Im3m 3.299	Mo Im3m 3.147	Tc P6₃/mmc 2.743/--/4.400	Ru P6₃/mmc 2.706/--/4.281	Rh Fm3m 3.804	Pd Fm3m 3.891	Ag Fm3m 4.086	Cd P6₃/mmc 2.979/--/5.619	In I4/mmm 3.253/--/4.946	α-Sn Fd3m 6.489	Sb R3m 4.308	Te P3₁21 4.457/--/5.927	I₂ Cmca 7.265/4.786/9.791	Xe Fm3m 6.197
Cs Im3m 6.14	Ba Im3m 5.025	α-La P6₃/mmc 3.770/--/12.159	α-Hf P6₃/mmc 3.195/--/5.051	Ta Im3m 3.303	W Im3m 3.165	Re P6₃/mmc 2.761/--/4.458	Os P6₃/mmc 2.735/--/4.319	Ir Fm3m 3.839	Pt Fm3m 3.924	Au Fm3m 4.078	α-Hg R3m 2.993	α-Tl P6₃/mmc 3.456/--/5.525	Pb Fm3m 4.950	Bi R3m 4.546	α-Po Pm3m 3.352	At	Rn
Fr	Ra	Ac Fm3m 5.311															

ランタノイド（Ce – Lu）

Ce	Pr	Nd	Pm	Sm	Eu	Gd	Tb	Dy	Ho	Er	Tm	Yb	Lu
α-Ce Fm3m 4.85	α-Pr P6₃/mmc 3.673/--/11.835	α-Nd P6₃/mmc 3.658/--/11.799	Pm	α-Sm R3m 8.996	Eu Im3m 4.582	Gd P6₃/mmc 3.636/--/5.783	α-Tb P6₃/mmc 3.601/--/5.694	Dy P6₃/mmc 3.590/--/5.648	α-Ho P6₃/mmc 3.577/--/5.616	α-Er P6₃/mmc 3.559/--/5.587	α-Tm P6₃/mmc 3.538/--/5.555	α-Yb P6₃/mmc 5.486	α-Lu P6₃/mmc 3.503/--/5.551

アクチノイド（Th – Lw）

Th	Pa	U	Np	Pu	Am	Cm	Bk	Cf	Es	Fm	Md	No	Lw
α-Th Fm3m 5.084	Pa I4/mmm 3.932/--/3.238	α-U Cmcm 2.848/5.858/4.946	α-Np Pmcn 4.723/4.887/6.663	α-Pu P2/m 6.183/4.822/10.936	α-Am P6₃/mmc 3.468/--/11.240	Cm P6₃/mmc 3.496/--/11.331	Bk	Cf	Es	Fm	Md	No	Lw

★　元素の密度と原子濃度（大気圧下）

凡例（各セル上から）：密度 g cm^{-3} → ／ 濃度 10^{22} cm^{-3} → ／ 最隣接原子間距離 Å →

1	2	3	4	5	6	7	8	9	10	11	12	13	14	15	16	17	18
H 4K 0.088																	He 2K 0.205 37atm 5.83
Li 78K 0.542 4.700 3.023	Be 1.82 12.1 2.22											B 2.47 13.0 1.54	C 3.516 17.6	N 20K 1.03 1.54	O	F 1.44	Ne 1.51 4.36 3.16
Na 5K 1.013 2.652 3.659	Mg 1.74 4.30 3.20											Al 2.70 6.02 2.86	Si 2.33 5.00 2.35	P	S	Cl 93K 2.03 2.02	Ar 4K 1.77 2.66 3.76
K 5K 0.910 1.402 4.525	Ca 1.53 2.30 3.95	Sc 2.99 4.27 3.25	Ti 4.51 5.66 2.89	V 6.09 7.22 2.62	Cr 7.19 8.33 2.50	Mn 7.47 8.18 2.24	Fe 7.78 8.50 2.48	Co 8.9 8.97 2.50	Ni 8.91 9.14 2.49	Cu 8.93 8.45 2.56	Zn 7.13 6.55 2.66	Ga 5.91 5.10 2.44	Ge 5.32 4.42 2.45	As 5.77 4.65 3.16	Se 4.81 3.67 2.32	Br 123 4.05 2.36	Kr 4K 3.09 2.17 4.00
Rb 5K 1.629 1.148 4.837	Sr 2.58 1.78 4.30	Y 4.48 3.02 3.55	Zr 6.51 4.29 3.17	Nb 8.58 5.56 2.86	Mo 10.22 6.42 2.72	Tc 11.50 7.04 2.71	Ru 12.36 7.36 2.65	Rh 12.42 7.26 2.69	Pd 12.00 6.80 2.75	Ag 10.50 5.85 2.89	Cd 8.65 4.64 2.98	In 7.29 3.83 3.25	Sn 5.76 2.91 2.81	Sb 6.69 3.31 2.91	Te 6.25 2.94 2.86	I 4.95 2.36 3.54	Xe 4K 3.78 1.64 4.34
Cs 5K 1.997 0.905 5.235	Ba 3.59 1.60 4.35	La 6.17 2.70 3.73	Hf 13.20 4.52 3.13	Ta 16.66 5.55 2.86	W 19.25 6.30 2.74	Re 21.03 6.80 2.74	Os 22.58 7.14 2.68	Ir 22.55 7.06 2.71	Pt 21.47 6.62 2.77	Au 19.28 5.90 2.88	Hg 227 14.26 4.26 3.01	Tl 11.87 3.50 3.46	Pb 11.34 3.30 3.50	Bi 9.80 2.82 3.07	Po 9.31 2.67 3.34	At	Rn
Fr —	Ra —	Ac 10.07 2.66 3.76															

Ce	Pr	Nd	Pm	Sm	Eu	Gd	Tb	Dy	Ho	Er	Tm	Yb	Lu
6.77 2.91 3.65	6.78 2.92 3.63	7.00 2.93 3.66		7.54 3.03 3.59	5.25 2.04 3.96	7.89 3.02 3.58	8.27 3.22 3.52	8.53 3.17 3.51	8.80 3.22 3.49	9.04 3.26 3.47	9.32 3.32 3.54	6.97 3.02 3.88	9.84 3.39 3.43

Th	Pa	U	Np	Pu	Am	Cm	Bk	Cf	Es	Fm	Md	No	Lr
11.72 3.04 3.60	15.37 4.01 3.21	19.05 4.80 2.75	20.45 5.20 2.62	19.81 4.26 3.1	11.87 2.96 3.61	—							

空間群については、International Tables for Crystallography: Space-Group Symmetry, Kluwer Academic Pub., 2002などに詳しい。空間群に加えて、格子定数と格子内原子座標がわかれば、結晶構造モデルが構築でき、X線回折や物性計算なども行うことができる。

ミラー指数と結晶の方向

結晶格子面を表すミラー指数は(100)のように示される。ミラー指数は、図に示すように3つのベクトルの逆数で書くことに注意する。

また結晶系によっては等価な面が存在するので、その場合はまとめて{100}と書く。

例えば立方晶では、(110)、(101)、(011)、$(\bar{1}10)$、$(\bar{1}01)$、$(0\bar{1}1)$、$(1\bar{1}0)$、$(10\bar{1})$、$(01\bar{1})$の9種類の格子面は等価なので、全部まとめて{110}と示すことができる。方向を示すときは、[100]のように示され、結晶系により等価な方向はまとめて<100>のように示される。方向の場合は逆数にせず、ベクトルをそのまま整数比で記す。

六方晶、正方晶などでは、慣習的に{100}面が a 面、{001}面が c 面、<100>方向が a 軸方向、<001>方向が c 軸方向、などの表現がよく使用される。結晶構造が決まっていれば、格子定数から、そのミラー指数の面間隔や、個々の原子間距離を求めることができる。

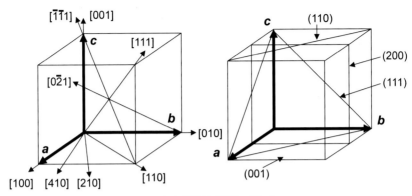

★　方向指数と面指数の表し方

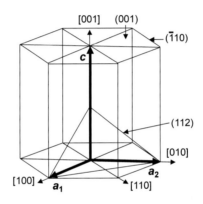

★　六方晶における方向・面指数の表し方

結晶の幾何学

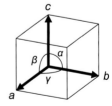

　7つの結晶系における面間隔d_{hkl}及び面間の角度を求める式を以下に示す。a、b、c および α、β、γ については右図の通りである。

（1）立方晶系（cubic）

$$a = b = c, \quad \alpha = \beta = \gamma = 90°$$

$$\frac{1}{d_{hkl}^2} = \frac{h^2 + k^2 + l^2}{a^2}, \quad \cos\varphi = \frac{h_1 h_2 + k_1 k_2 + l_1 l_2}{\sqrt{(h_1^2 + k_1^2 + l_1^2)+(h_2^2 + k_2^2 + l_2^2)}}$$

(2) 正方晶系（tetragonal）

$\boldsymbol{a} = \boldsymbol{b} \neq \boldsymbol{c}, \quad \alpha = \beta = \gamma = 90°$

$$\frac{1}{d_{hkl}^2} = \frac{h^2+k^2}{a^2} + \frac{l^2}{c^2}, \quad \cos\varphi = \frac{\frac{h_1 h_2 + k_1 k_2}{a^2} + \frac{l_1 l_2}{c^2}}{\sqrt{\left(\frac{h_1^2 + k_1^2}{a^2} + \frac{l_1^2}{c^2}\right)+\left(\frac{h_2^2 + k_2^2}{a^2} + \frac{l_2^2}{c^2}\right)}}$$

(3) 六方晶系（hexagonal）

$\boldsymbol{a} = \boldsymbol{b} \neq \boldsymbol{c}, \quad \alpha = \beta = 90°, \quad \gamma = 120°$

$$\frac{1}{d_{hkl}^2} = \frac{3}{4}\left(\frac{h^2+hk+k^2}{a^2}\right) + \frac{l^2}{c^2},$$

$$\cos\varphi = \frac{h_1 h_2 + k_1 k_2 + \frac{1}{2}(h_1 k_2 + h_2 k_1) + \frac{3a^2}{4c^2}l_1 l_2}{\sqrt{\left(h_1^2 + k_1^2 + h_1 k_1 + \frac{3a^2}{4c^2}l_1^2\right)+\left(h_2^2 + k_2^2 + h_2 k_2 + \frac{3a^2}{4c^2}l_2^2\right)}}$$

(4) 菱面体晶系（rhombohedral）

$\boldsymbol{a} = \boldsymbol{b} = \boldsymbol{c}, \quad \alpha = \beta = \gamma < 120°, \quad \neq 90°$

$$\frac{1}{d_{hkl}^2} = \frac{(h^2 + k^2 + l^2)\sin^2\alpha + 2(hk + kl + hl)(\cos^2\alpha - \cos\alpha)}{a^2(1 - 3\cos^2\alpha + 2\cos^3\alpha)},$$

$$\cos\varphi = \frac{a^4 d_{h_1 k_1 l_1} d_{h_2 k_2 l_2}}{V^2}[\sin^2\alpha(h_1 h_2 + k_1 k_2 + l_1 l_2)$$
$$+(\cos^2\alpha - \cos\alpha)(k_1 l_2 + k_2 l_1 + l_1 h_2 + l_2 h_1 + h_1 k_2 + h_2 k_1)]$$

(5) 斜方晶系（orthorhombic）

$\boldsymbol{a} \neq \boldsymbol{b} \neq \boldsymbol{c}, \quad \alpha = \beta = \gamma = 90°$

$$\frac{1}{d_{hkl}^2} = \frac{h^2}{a^2} + \frac{k^2}{b^2} + \frac{l^2}{c^2}, \quad \cos\varphi = \frac{\frac{h_1 h_2}{a^2} + \frac{k_1 k_2}{b^2} + \frac{l_1 l_2}{c^2}}{\sqrt{\left(\frac{h_1^2}{a^2} + \frac{k_1^2}{b^2} + \frac{l_1^2}{c^2}\right)+\left(\frac{h_2^2}{a^2} + \frac{k_2^2}{b^2} + \frac{l_2^2}{c^2}\right)}}$$

(6) 単斜晶系（monoclinic）

$\boldsymbol{a} \neq \boldsymbol{b} \neq \boldsymbol{c}, \quad \alpha = \gamma = 90° \neq \beta$

$$\frac{1}{d_{hkl}^2} = \frac{1}{\sin^2\beta}\left(\frac{h^2}{a^2} + \frac{k^2 \sin^2\beta}{b^2} + \frac{l^2}{c^2} - \frac{2hl\cos\beta}{ac}\right)$$

$$\cos\varphi = \frac{d_{h_1 k_1 l_1} d_{h_2 k_2 l_2}}{\sin^2\beta}\left[\frac{h_1 h_2}{a^2} + \frac{k_1 k_2 \sin^2\beta}{b^2} + \frac{l_1 l_2}{c^2} - \frac{(l_1 h_2 + l_2 h_1)\cos\beta}{ac}\right]$$

(7) 三斜晶系（triclinic）

$\boldsymbol{a} \neq \boldsymbol{b} \neq \boldsymbol{c}, \quad \alpha \neq \beta \neq \gamma$

$$\frac{1}{d_{hkl}^2} = \frac{1}{V^2}(S_{11}h^2 + S_{22}k^2 + S_{33}l^2 + 2S_{12}hk + 2S_{23}kl + 2S_{13}hl),$$

$$\cos\varphi = \frac{d_{h_1 k_1 l_1} d_{h_2 k_2 l_2}}{V^2}[S_{11}h_1 h_2 + S_{22}k_1 k_2 + S_{33}l_1 l_2 + S_{23}(k_1 l_2 + k_2 l_1)$$
$$+ S_{13}(l_1 h_2 + l_2 h_1) + S_{12}(h_1 k_2 + h_2 k_1)]$$

$$S_{11} = b^2 c^2 \sin^2\alpha, \quad S_{12} = abc^2(\cos\alpha\cos\beta - \cos\gamma),$$
$$S_{22} = a^2 c^2 \sin^2\beta, \quad S_{23} = a^2 bc(\cos\beta\cos\gamma - \cos\alpha),$$
$$S_{33} = a^2 b^2 \sin^2\gamma, \quad S_{13} = ab^2 c(\cos\gamma\cos\alpha - \cos\beta),$$
$$V = abc\sqrt{1 - \cos^2\alpha - \cos^2\beta - \cos^2\gamma + 2\cos\alpha\cos\beta\cos\gamma}$$

ペロブスカイト結晶

結晶の一例として、**ペロブスカイト結晶**の構造を示す。表に示すように、様々な物性を持つペロブスカイト結晶が知られている。また、陽イオンであるA、Bと、陰イオンであるXのイオン半径より、ABX_3ペロブスカイト構造の生成予測を行う経験式として、**トレランスファクター（許容因子）** t が知られている。理想的な立方晶ペロブスカイト構造では $t = 1$ である。実際には、$t = 0.9~1.0$ で立方晶、$0.71 < t < 0.9$ で正方晶、斜方晶、単斜晶、菱面体晶、$1.0 < t < 1.1$ 六方晶、正方晶となる。

$$t = \frac{r_A + r_X}{\sqrt{2}(r_B + r_X)}$$

(1.1)

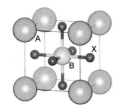

化合物組成	特徴	化合物組成	特徴
CaTiO₃	誘電性	CH₃NH₃PbI₃	半導体/高効率太陽電池
BaTiO₃	強誘電性	NaₓWO₃ (x = 0~1)	エレクトロクロミズム
Pb(Mg₁/₃Nb₂/₃)O₃	リラクサー強誘電性	SrCeO₃:H	プロトン伝導体
Pb(Zr₁₋ₓTiₓ)O₃ (x~0.475)	圧電体	Li₀.₅₋₃ₓLa₀.₅₊ₓTiO₃	Li⁺イオン伝導体
(Ba₁₋ₓLaₓ)TiO₃	半導体	Nd₀.₅Ba₀.₅MnO₃₋δ	巨大磁気抵抗
(Y₁/₃Ba₂/₃)CuO₃₋ₓ	高温超伝導体		

★　ペロブスカイト構造と様々なペロブスカイト型化合物の特徴

 ## 演習問題

1. シリコンは、太陽電池やコンピューター用材料として幅広く使用されている。シリコンの格子定数が5.43 Åのとき、シリコン原子間距離を求めよ。[2.35 Å]

2. シリコンの(111)面、(400)面の面間隔を求めよ。[3.14 Å, 1.36 Å]

3. フラーレンC_{60}は、C_{60}分子が面心立方格子として配列し、半導体的特性を示し、太陽電池への応用が研究されている。C_{60}分子間距離が10.017 Åのとき、格子定数を求めよ。[14.166 Å]

4. 半導体では、結晶の方向と結晶面によって物性が異なるため、目的の方位や結晶面を得ることが重要である。図の立方晶構造において、$[1\bar{1}0]$と$(1\bar{1}0)$を記入せよ。

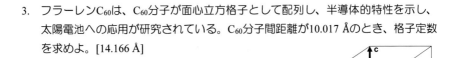

コラム ペロブスカイト太陽電池

　2013年にスイスのグレッツェルらのグループで、15%という非常に高い変換効率をもつペロブスカイト太陽電池が開発され、世界中をあっと驚かせた。比較的簡単な方法で作製できるため世界中で研究が開始され、様々な新しいペロブスカイト太陽電池が報告され、光電変換効率も次々と世界記録が更新され、25%以上にまで到達した。現在、ノーベル賞候補にもなり、世界で最も注目を集め期待されている太陽電池材料である。

コラム 5回対称と黄金比

　三角形、四角形、六角形で平面を埋めることはできる。それでは、五角形ではどうだろうか。五角形ですきまなく平面を埋めることはできないことがわかるだろう。同様に結晶には、3回対称、4回対称、6回対称性はあっても、5回対称性は存在しないものと思われていた。ところが1984年にダン・シェヒトマンにが、5回対称性をもつ物質(Al-Mn合金)を電子顕微鏡観察により発見し、固体物理学に大きな衝撃を与えた。この物質は準結晶と名付けられ、結晶としての並進対称性はないが、高い秩序をもって原子が配列している。シュヒトマンは、2011年ノーベル化学賞を単独受賞した。

　5回対称性を保ちつつ平面を埋める方法を考え出したのは、イギリス・オックスフォード大学の物理学者ロジャー・ペンローズであり、ペンローズパターンと呼ばれ特許にもなっている(下図)。これは二種類の菱形によるもので、同様にして等面菱形多面体により5回対称性を保ちつつ空間を埋め尽くすことができる。ペンローズは量子脳理論や、相対論と量子論を結合させた量子重力理論の分野でも有名で、2020年ノーベル物理学賞を受賞している。

　この5角形の中には、必ず現れてくる、ある数値がある。それが黄金比 τ = (1+√5)/2=1.618…である。この黄金比 τ は、芸術家や建築家によく知られ、快く調和に満ちた比率として、数多くの絵画やミロのヴィーナスのような彫刻などの芸術作品、さらには様々な建築物やエジプトのピラミッドのような建造物にも用いられてきた。

　また自然界においても、ホラ貝やオウム貝、さまざまな花弁などに、幾何学的に調和のとれた黄金比 が現れている。またバッハなど癒しの効果をもつ音楽の中には、黄金率 τ に関わる和音を含んでいるという考え方も出されている。

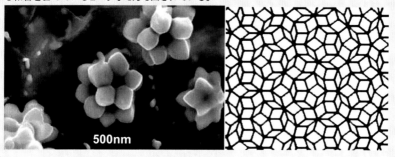

第２章

Ｘ線回折

回折法

　最近はナノテクノロジーの進展により原子レベルでの解析が多くなっている。原子配列に注目した場合の解析法として、**X線回折**、電子回折や中性子回折などがある。これらの違いを表に示す。

　表に示すように、X線は原子の中の「電子雲」、中性子は「原子核」、電子は電子と原子核が形成する「電場・ポテンシャル」と相互作用するという点で異なる。これらの特徴を生かして、目的に応じて手段を選択することになる。

　X線は、簡易な方法で測定でき、試料も精密構造解析でなければ特殊なものは必要ないので、構造解析法として幅広く使われている。一方、電子はX線と比べて、数百万倍も強く物質と相互作用するため、数nm以下の微小サイズの結晶でも解析できる利点があり、さらに試料の量が1 mgと非常に極微量でも充分解析可能である。最近の多くの重要な物質はナノ構造を有するため、電子線はこれらの物質の構造解析の方法として非常に有力な方法となる。またX線は水素に対する感度が低いが、中性子は、水素原子に対して大きな衝突断面積を持ち、重水素原子も見分けることができるため、タンパク質の構造解析などに有効である。

　結晶学的に構造を解くには、結晶構造因子の強度及び位相の両方が必要であり、回折法（X線、中性子、電子線）は、逆格子空間における構造因子の強度のデータ（振幅の2乗）のみを含んでおり位相情報は失われている。一方、高分解能電子顕微鏡像からは、逆空間にフーリエ変換を行うことにより位相情報を抽出できる。

★様々な構造解析法

手法	放射線	相互作用	波長 λ	測定
X線回折	電磁波	電子雲	0.1542 nm (40 kV)	逆空間
電子回折	電子	電場	0.000736 nm (1250 kV)	実・逆空間
中性子回折	中性子	原子核	0.2 nm (0.02 eV)	逆空間

 ## X線回折と情報

　X線は波長の短い電磁波であり、X線の発生には、通常X線管球が使用される。これは陽極で発生させた熱電子を対陰極の金属に衝突させX線を発生させるもので、対陰極の金属による特性X線とバックグラウンドとして白色X線が放射される。発生したX線は、単一波長のX線（通常はKα線）を取り出すためフィルターを通す。

このフィルターには対陰極に使用する金属より原子番号が1つ小さい金属が使用される。これは主に Kβ 線を吸収するので、β フィルターとも呼ばれる。さらにバックグラウンドの白色 X 線を除くために、モノクロメーター（グラファイトの単結晶）で X 線回折させ、単一波長のものだけを試料室へ導入する。

　通常、CuKα 線（λ = 0.15418 nm）が用いられることが多く、β フィルターには、Cu より原子番号が一つ小さい Ni が用いられる。特に強度の高い X 線が必要な場合には、MoKα 線（λ = 0.071073 nm）が用いられる。また、さらに強度の強い X 線が必要な場合には、放射光の白色 X 線を利用することもある。入射した X 線が試料にあたり、試料の原子中の電子で散乱され回折 X 線が検出され、この回折反射は結晶構造因子の散乱振幅に対応し、逆格子空間の逆格子点に対応する。

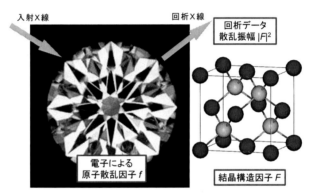

★　結晶によるX線の回折と得られる情報

逆格子とブリルアンゾーン

　逆格子空間（波数空間、運動量空間） は、逆格子ベクトルで構成される空間で、実空間と逆格子空間の関係は数学的にはフーリエ変換であり、実空間の結晶の周期性が反映される。物理的には位置と運動量、または位置と波数の関係になっている。この逆格子点の位置に、回折波の強め合う反射が現れる。また固体中の電子の動きで重要なのは、位置よりも運動量の二乗に比例するエネルギーであるため、波数空間が用いられる

　ブリルアンゾーンは固体物理学において、波の散乱による回折条件を表現するために広く用いられている。これは、電子のエネルギーバンド理論などの説明に便利である。たとえば波数ベクトルがブリルアンゾーン上にあるとき、電子波のブラッグ反射が起きる。ブリルアンゾーン内においてメッシュによって区分された各点のこ

とを k 点と呼ぶ。ブリルアンゾーン上の対称性の良い k 点には名称がついていて、ブリルアンゾーン内部はギリシャ文字で、表面はアルファベットの記号で記す。

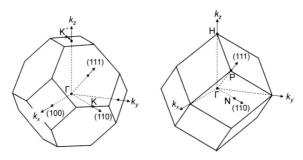

★　面心立方格子（左）と体心立方格子（右）の第1ブリルアンゾーン及び代表的な対称点と記号

 ## X線回折パターン

　図は、C$_{60}$系有機薄膜太陽電池のX線回折パターンの実例である。C$_{60}$分子が面心立方（fcc）構造に配列しており、111、220、311などの反射が観察される。フラーレンは、270 K以上の室温では空間群は、$Fm\bar{3}m$ のfcc構造で、格子定数は、$a = 1.4154$ nm である。170 Kの低温では単純立方構造となり空間群は、$Pa\bar{3}$、$a = 1.407$ nmとなる。

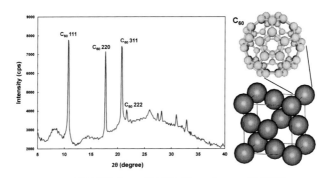

★　C$_{60}$系太陽電池の X 線回折パターンと C$_{60}$ の結晶構造

 ## ブラッグの法則

　ブラッグは、結晶中の原子が作る面が X 線を反射し、平行な別の 2 つの面に反射された X 線と干渉によって強め合う現象から、X 線回折の基本的な条件であるブラッ

グの法則を発見した。この条件は 2 つの面の間隔を d、X 線と平面のなす角を θ、任意の整数 n、X 線の波長を λ とすると次式で表され、これをブラッグの条件という。

$$2d\,sin\theta = n\lambda \tag{2.1}$$

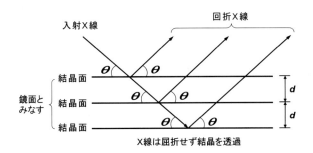

★　結晶面によるX線の回折（ブラッグ回折）

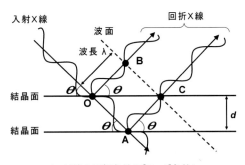

★　X線の回折条件（ブラッグ条件）

　結晶格子とX線の入射、回折の幾何的配置がブラッグの条件を満たしたときに、回折X線が観測できる。ここで求めた d の値は、第1章で求めた、7つの結晶系における面間隔 d_{hkl} に対応する。

 原子散乱因子

　原子により電子波がある方向へ散乱されるときの効率を**原子散乱因子**(atomic scattering factor)といい、以下の f のようになる。

$$f = \frac{1個の原子によって散乱された波の振幅}{1個の電子によって散乱された波の振幅} \tag{2.2}$$

この式から、例えば原子番号 14 の Si では、$f = 14$ となる。どの原子でも前方に散乱されるときは、$f = Z$（原子番号）であり、原子番号が大きくなれば、f は増大する。また散乱角度 θ が大きくなれば、個々の電子により散乱された波の位相が合わなくなり、f は減少していく。X 線においてこの f の値は理論計算により求められており、その値は主に原子の周りの電子分布に依存している。

原子散乱因子 f の値は、回折角度と X 線波長により変化し、例えば、Si において、$sin\theta/\lambda = 0$、0.5、1.0 の場合、それぞれ、14、6.1、2.6 である。参考文献に全原子の原子散乱因子が記されている。一方、電子線は、原子核と電子からなる**電場（ポテンシャル）**により、X 線と比べて大きく散乱される。電子線の原子散乱因子 f は、X 線の原子散乱因子から計算できる。

 ## 結晶構造因子

結晶中の一個一個の原子によって散乱された波を、すべて合計したものを**構造因子 F** (structure factor)という。結晶格子に原子が1番目からN番目まで、それぞれ n 番目の原子座標が x_n、y_n、z_n、原子散乱因子が f_n のとき、hkl 反射に対する構造因子 F_{hkl} は次のようになる。

$$F_{hkl} = \sum_{n=1}^{N} e^{2\pi i(hx_n+ky_n+lz_n)} \tag{2.3}$$

結晶構造因子の計算は、単位格子の全原子について行い、F は一般に複素数で散乱波の**振幅と位相**を表す。その絶対値 $|F|$ は、散乱波の振幅を、1個の電子によって散乱された波の振幅を基準にした振幅の比として定義される。

$$|F| = \frac{単位格子のすべての原子によって散乱された波の振幅}{1個の電子によって散乱された波の振幅} \tag{2.4}$$

単位格子のすべての原子によって、Braggの法則によって予測された方向に散乱された回折ビームの強度は、単に $|F|^2$、つまり散乱波の振幅の2乗に比例し、$|F|^2$ は式(2.3)に与えられたFに、その共役複素数を掛けることで求められる。式(2.3)は、原子位置が明らかな結晶について、どの hkl 反射の強度でも計算することができるので、X線結晶学においては非常に重要な関係式である。

実際に式(2.3)を用いて、指数計算をする際には、以下の関係式を使用する。

$$e^{\pi i} = e^{3\pi i} = e^{5\pi i} = -1、\qquad e^{2\pi i} = e^{4\pi i} = e^{6\pi i} = +1$$
$$e^{n\pi i} = (-1)^n、\qquad e^{n\pi i} = e^{-n\pi i}\qquad n は整数、\qquad e^{ix} + e^{-ix} = 2\cos x \tag{2.5}$$

　結晶構造の最も簡単な例は、単位格子が 1 個の原子をその原点に持っている場合で、その原子の分数座標は、$(0, 0, 0)$である。その構造因子は、

$$F = fe^{2\pi i(0)} = f, \quad F^2 = f^2 \tag{2.6}$$

　このようにこの単純格子では、F^2 は h、k、l、に無関係であり、すべての反射に対してみな同じ値となる。

　X線の散乱強度は結晶構造因子の絶対値の2乗に比例する。結晶構造解析は、測定した X 線の散乱強度から結晶構造因子を求め、さらにそこから結晶を構成する原子を同定する作業ということになる。

結晶粒径

　結晶粒子の大きさが、100 nm程度以下になると、回折線の幅が広がる。この広がりから、次のシェラー（Scherrer）の式により結晶粒径Dを求めることができる。

$$D = \frac{0.9 \times \lambda}{\beta \times \cos\theta} \tag{2.7}$$

　ここで、λはX線波長で、通常 CuKα線(0.154 nm)が使用される。θは回折角 [°]、βは半値幅 [rad]、1 rad = 180 °/πである。β は通常、**半値全幅**（FWHM: full width at half maximum）が使用される。結晶粒径が50 nmから100 nmを超えると、回折線幅がある値以下の幅にはならないので、補正が必要となる。200 nm以上の結晶粒径の大きなバルク試料の回折線の広がり β_s を測定し、目的とする試料の広がりを β_m とすれば、

$$\beta^2 = \beta_m{}^2 - \beta_s{}^2 \tag{2.8}$$

となるので、これを(2.7)に代入すればよい。

面心立方構造の構造因子

　面心立方（fcc）**構造**の結晶構造因子を計算する。格子内の等価な位置は、その原子のみで考える。面心立方格子では、単純立方格子の頂点と各面の中心に格子点をもち、4個の同種原子が、$(0, 0, 0)$、$(\frac{1}{2}, \frac{1}{2}, 0)$、$(0, \frac{1}{2}, \frac{1}{2})$、$(\frac{1}{2}, 0, \frac{1}{2})$ の分数座標位置に存在する。格子点に存在する原子は、すべて同一なので、$f_i = f$ とおく。

　すると結晶構造因子 F は次のようになる。

$$F = fe^{2\pi i(0)} + fe^{2\pi i\left(\frac{h}{2}+\frac{k}{2}\right)} + fe^{2\pi i\left(\frac{h}{2}+\frac{l}{2}\right)} + fe^{2\pi i\left(\frac{k}{2}+\frac{l}{2}\right)}$$
$$= f\left[1 + e^{\pi i(h+k)} + e^{\pi i(h+l)} + e^{\pi i(k+l)}\right]$$

(2.9)

もしh、k、l、が、偶数のみか奇数のみの場合（偶奇非混合）であれば、$(h+k)$、$(h+l)$、$(k+l)$の各値は偶数となり、上の式の各項の値は1となる。

$$F = 4f \qquad F^2 = 16f^2 \qquad （偶奇非混合指数に対して）$$ (2.10)

もしh、k、l が混合であれば（偶数と奇数が混ざっていれば）、三つの指数関数の和は三つの面指数のうちの二つが奇数で一つが偶数であっても、二つが偶数で一つが奇数であっても、どちらも−1となる。

$$F = 0 \qquad F^2 = 0 \qquad （偶奇混合指数に対して）$$ (2.11)

例えば、012のように h と l が偶数で k が奇数の場合を考えてみる。$F = f(1-1+1-1)$ = 0 となり反射は生じず、これを**禁制反射**という。このように、111、200、220などでは反射が生じ、100、210、112などでは禁制反射となり、反射は生じない。

上の計算方法では、格子内の等価な原子が原子散乱因子fをもっていると考え計算したが、格子内の14個の全部の原子を考えても計算できる。その場合、立方格子の頂点の原子は1/8のみ格子内に存在し、面の中心に存在する原子は1/2のみ格子内に存在するので、それぞれ原子散乱因子を、$f/8$、$f/2$として計算すれば、まったく同じ構造因子が計算できる。

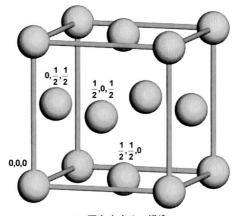

★　面心立方(fcc)構造

ダイヤモンド構造の構造因子

14族のダイヤモンドC、シリコンSi、ゲルマニウムGeなどは、いずれも**ダイヤモンド構造**をもつ。原子配列はすべて同じで、原子間距離が原子番号とともに大きくなり、格子定数が、0.3567 nm、0.543 nm、0.565 nmと大きくなっていく。

ダイヤモンド構造では、8個の同種原子が、$(0,0,0)$、$(\frac{1}{2},\frac{1}{2},0)$、$(0,\frac{1}{2},\frac{1}{2})$、$(\frac{1}{2},0,\frac{1}{2})$、$(\frac{1}{4},\frac{1}{4},\frac{1}{4})$、$(\frac{1}{4},\frac{3}{4},\frac{3}{4})$、$(\frac{3}{4},\frac{1}{4},\frac{3}{4})$、$(\frac{3}{4},\frac{3}{4},\frac{1}{4})$ の位置に存在する。

$$F = fe^{2\pi i(0)} + fe^{2\pi i\left(\frac{h}{2}+\frac{k}{2}\right)} + fe^{2\pi i\left(\frac{h}{2}+\frac{l}{2}\right)} + fe^{2\pi i\left(\frac{k}{2}+\frac{l}{2}\right)} + fe^{\frac{\pi i}{2}(h+k+l)} + fe^{\frac{\pi i}{2}(h+3k+3l)}$$
$$+ fe^{\frac{\pi i}{2}(3h+k+3l)} + fe^{\frac{\pi i}{2}(3h+3k+l)}$$

$$= f\left[1 + e^{\pi i(h+k)} + e^{\pi i(h+l)} + e^{\pi i(k+l)}\right]$$
$$+ f\left[e^{\frac{\pi i}{2}(h+k+l)} + e^{\frac{\pi i}{2}(h+3k+3l)} + e^{\frac{\pi i}{2}(3h+k+3l)} + e^{\frac{\pi i}{2}(3h+3k+l)}\right]$$

$$(2.12)$$

次のように hkl の指数を、場合分けして計算する。

(1) 偶奇混合の場合、$F = 0$

(2) hkl が偶奇非混合（すべて偶数か奇数）の場合

$h+k+l = 4m+2$ のとき、$F = 0$

$h+k+l = 4m$ のとき、$F = 8f$

$h+k+l = 4m\pm1$ のとき、$F = 4(1\pm i)f$

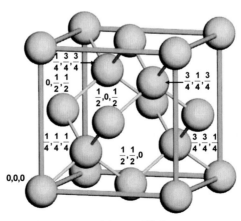

★ ダイヤモンド構造

　ダイヤモンド構造は、面心立方構造に比べて、消滅する回折反射が多くなる。

　別の計算方法は、ダイヤモンド構造を分解する方法である。ダイヤモンド構造の空間格子の8個の原子のうち最初の4個は面心立方格子の原子配置と全く同じであり、$(0, 0, 0)$ と $(\frac{1}{4}, \frac{1}{4}, \frac{1}{4})$ に原点をもつ2つの面心立方格子を重ねたものと考えることができる。

$$F = f\left[1 + e^{\pi i(h+k)} + e^{\pi i(k+l)} + e^{\pi i(l+h)}\right]\left[1 + e^{-\frac{\pi i}{2}(h+k+l)}\right]$$

(2.13)

　面心立方格子では、hkl が偶奇非混合のとき $F = 4f$ で、偶奇混合のとき $F = 0$ であるので、あとは上の場合分けと同様である。

● 基本構造の把握

　試料の量が多い場合（～100 mg以上）、X線回折などで全体の大まかな構造を把握しておくとよい。単相なのか、複数の物質が混ざっているのかを知ることができる。また微粒子の場合、ある程度の粒径を計算することができる。

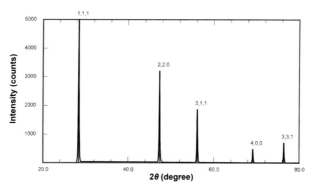

Peak	2θ(°)	d-spacing (Å)	Index hkl	|F|	Intensity	Relative Intensity (%)	Multiplic
1	28.4430	3.1354	111	58.869	5000	100.00	8
2	47.3038	1.9200	220	67.486	3220	64.40	12
3	56.1237	1.6374	311	44.170	1870	37.40	24
4	69.1317	1.3577	400	56.275	480	9.61	6
5	76.3782	1.2459	331	37.609	709	14.19	24
6	88.0326	1.1085	422	48.626	973	19.47	24

★ SiのX線回折パターン

X線回折のデータがあることによって、電子顕微鏡の格子像や電子回折パターンの解析も容易になる。既知の物質であれば、X線回折のピーク位置を**指数付け**し、回折の面間隔（d nm）を知ることができる。

例としてダイヤモンド構造をもつシリコンから計算されるX線回折パターンを図に示す。X線回折で現れるピーク位置や面間隔 d の値を知ることができる。これらの情報を持ちながら、X線回折実験や電子顕微鏡観察を行えば、非常に効果的にデータを得ることができ、解析も速やかに進む。

 ## 占有率と温度因子

ある特定の位置に原子が存在する平均的な割合を**占有率**という。常にその位置に目的とする原子が存在していれば 1 であるが、原子空孔が入っていたり、部分的に他の原子と入れ替わっていたりすると、1より小さい値となる。完全に原子が存在せず空孔であれば 0 となる。半導体材料では、結晶中のある原子位置に、極微量の原子を導入することが多い。このドーピング原子は、微量にもかかわらず、もとの結晶の構造や物性を大きく変化させる。

温度因子は、原子の熱振動による平均位置からのずれを表す。熱振動は方向によって違う場合があり、普通6個の温度因子の係数が必要で、これを非等方性温度因子と呼ぶ。しかし6個も考えるのは複雑なので、方向性を平均した近似が等方性温度因子であり、この等方性温度因子を使う場合も多い。

X線回折や中性子回折、**リートベルト法**による精密構造解析により、これらの原子占有率や、温度因子を求めることができる。

 ## 演習問題

1. ZnTPP:C_{60}太陽電池にX線を照射したところ、図に示すように回折角2θ=10.83°、17.70°、20.78°において、フラーレンの回折反射（ピーク）が現れた。このときの3つのピークの面間隔 d を求めよ。CuKαによるX線の波長は、0.154 nmである。[0.816 nm, 0.501 nm, 0.427 nm]

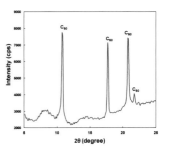

2. 問1の最初のピークのミラー指数が111のとき、フラーレンの格子定数 a を求めよ。[1.413 nm]

3. 問1のフラーレンの 111ピークの半値幅が、0.33° であった。フラーレン固体のバルクの $\beta_s = 0.090°$ とするとき、フラーレンの結晶粒径を求めよ。[50 nm]

4. ダイヤモンド構造をもつ半導体Siは、太陽電池やコンピューター用材料として幅広く使用されている。Siの、111、200、400の結晶構造因子を求めよ。Siの原子散乱因子を f_{Si} とする。[$4 f_{Si} (1-i)$, 0, $8 f_{Si}$]

コラム　　　**ノーベル賞最年少記録**

　ウィリアム・ローレンス・ブラッグ（William Lawrence Bragg）は、オーストラリア生まれのイギリスの物理学者で、現代結晶学の創始者の一人である。ブラッグは、1911 年にケンブリッジ大学を卒業し、その後研究生として 1912 年 22 歳のときに、結晶間隔とX線の回折の関係を定式化した「ブラッグの法則」を発見した。彼はそのアイデアをリーズ大学の教授であった父、ウィリアム・ヘンリー・ブラッグに話し、父は X 線分光計を開発した。この装置により、様々な結晶の分析が可能になり、結晶格子で回折した X 線ビームから結晶内の原子の配置を計算できるようになった。

　発見からわずか 3 年後の 1915 年に、父とともに「X 線による結晶構造解析に関する研究」でノーベル物理学賞を受賞した。25 歳での科学系ノーベル賞は史上最年少記録である。

　後にキャベンディッシュ研究所所長を務めていた 1953 年 2 月、同研究所のジェームズ・ワトソンとフランシス・クリックが、X 線回折により DNA の二重らせん構造を解明した際に、DNA の構造を解明したという報道発表を行ったのもブラッグである。ブラッグはクリック、ワトソン、ウィルキンスをノーベル賞に推薦し、1962 年のノーベル生理学・医学賞となった。

　ブラッグは次のような言葉を残している。「科学にとって重要なことは多くの事実を得ることではなく、それらについて新たな考え方を発見することである」。我々も日々新しい概念を発見し、新たなる哲学を構築していきたいものである。

コラム　　　**アインシュタインの言葉**

★　自分の目でものを見、自分の心で感じる人は、とても少ない。
★　私は、先のことなど考えたことがない。すぐに来てしまうのだから。
★　私は天才ではない。ただ、人より長く一つのこととつき合ってきただけだ。
★　空間は単なる物事の背景ではなく、それそのものが自律的な構造をもっている。
★　成功の秘訣は、よく働き、よく遊び、無駄口を慎むことである。
★　解決策がシンプルなときは、神が答えている証である。
★　空想する才能は、知識を身につける才能よりずっと大きな意味がある。
★　超一流の科学者はつねに芸術家でもある。

第３章

電子回折と構造像

電子顕微鏡とは

　原子核の周囲には、ぼんやりと電子雲が存在している。原子のサイズは、この電子雲が平均的に存在する 0.2 nm 程度である。数百 nm の波長をもつ光を使った光学顕微鏡では、原子を見ることが難しい。

　光の波長より短いものはないだろうか。いくつか候補はあるが、そのうちの一つが電子である。例えば 1250 kV の加速電圧の場合、0.000736 nm と、電子は非常に短い波長を持っており、原子を見ることができそうである。つまり**透過型電子顕微鏡**（Transmission Electron Microscope: TEM）とは、文字通り電子を使って、物質を拡大してみる装置である。

　第2章で述べた X 線回折法や中性子回折法は、原子配列を調べる方法として広く使用されている。これらの回折法においては、X 線や中性子線を試料に照射し、出てきたビームを解析していくわけであるが、得られるデータを見ても原子配列が直接見えるわけではなく、その後の詳細な解析が必要であり、その後間接的に原子配列に関する情報が得られる。

　これと比較して、電子顕微鏡の大きな違いは、電子を物質に照射し、そこから出てきた像を見ると「直接原子が見える」という点にある。例として、Tl 系超伝導酸化物の電子顕微鏡像を次図に示す。黒い丸の1個1個が金属原子に対応しており、タリウム原子（Tl）、バリウム原子（Ba）、銅（Cu）原子が明瞭に観察できる。このように非常に直観的に原子配列を見て知ることができる。原子がダイレクトに見えるという点で、最近進展しているナノテクノロジーにおいても、電子顕微鏡は非常に大きな武器となっている。

　電子顕微鏡は、装置の種類によって得られる情報が異なり、ここでは以下にまとめて示す。

- 試料の組織：大きさ、形、個数、結晶方位など
- 結晶構造：原子配列、空間群など
- 微細構造の乱れ：欠陥、転位、表面、界面など
- 電子状態：原子と原子の結合状態
- 組成：試料中の原子の組成比
- 磁束：磁束・磁力線の存在状態

　特に、**高分解能電子顕微鏡**の特徴を挙げてみると、まず、物質の原子配列、単位胞の配列を直接見ることができるため、X 線回折や中性子回折では解析できない複雑で未知の構造も直接・直観的に解析できるという利点がある。また、X 線や中性子を用いた放射線回折法は、逆空間の情報量を測定するため平均的な原子配列に関

する情報を得るには最適だが、欠陥、表面、界面、クラスター、5回対称構造といった、原子配列の局所的な極微小領域構造に関する情報を直接得るには、高分解能電子顕微鏡の方がはるかに強力である。結晶学的に構造解析を行うためには、結晶構造因子の強度及び位相の両方の情報が必要である。X線、中性子、電子線を用いた回折法は、構造因子の強度のデータ（振幅の2乗）のみを含んでおり**位相情報**は失われている。一方、高分解能電子顕微鏡像からは、**フーリエ変換**を行うことにより位相情報を抽出でき、結晶構造解析に利用できる。

　このような原子直視に加えて、近年では電子銃の進展などにより、ナノ電子回折、ナノ EELS－EDX、ホログラフィー等の情報を結合させ、先端物質の原子配列・組成・電子状態・磁気構造を同時に解明することができるようになってきた。

　このように電子顕微鏡を使えば、物質に関する非常に多くの情報が一度に得られるが、電子ビームを試料に照射するために、試料を真空状態におかなければならないので、気体・液体は観察が難しく、また生物試料などもそのままでは観察することが困難である。また電子ビームそのものがかなりのエネルギーをもっているので、有機分子などは電子ビームによって試料が壊れてしまう場合がある。また水素原子等の原子番号が小さい元素は、電子との相互作用が小さいので直接検出することが困難である。このような欠点も若干あるが、それに注意し、他の構造解析報と組み合わせれば、電子顕微鏡は原子の世界であるナノワールドの様々な情報を与えてくれる、非常に有力な装置である。

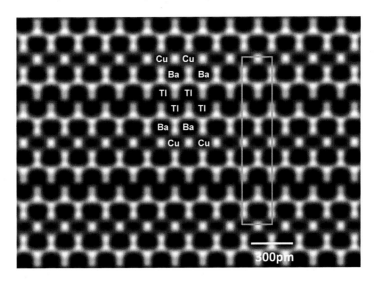

★ $Tl_2Ba_2CuO_6$ の結晶構造像

電子と原子の相互作用

　電子を物質に当てて原子を見る仕組みを、直観的に全体を理解するために模式図で見ていく。電子が原子にあたった際の、簡単な模式図を示す。上から電子（波）が照射されると、原子とは全く何も相互作用せずそのまま出てくる透過電子がある。透過した電子には原子配列に関する情報は含まれていない。もう一つ、原子核（プラスの電荷）と電子（マイナスの電荷）からなる原子の中の**電場**（ポテンシャル）に引き寄せられて出てくる電子があり、それを**弾性散乱電子**という。電子によっては、原子内で電子等にエネルギーを与えて出てくる電子があり、これを**非弾性散乱電子**と呼ぶ。

　通常の電子顕微鏡観察では、弾性散乱電子を用いて行い、非弾性散乱電子は、EELS等の分析時に使用する。また原子内の平均ポテンシャルは、一般には原子番号が大きいほど大きくなる傾向にあるが、原子の密度にも依存する。原子による電子波の散乱を表す因子が、**原子散乱因子**（f: atomic scattering factor）であり、原子散乱因子は、原子核と電子による散乱の差に依存している。電子線の原子散乱因子は、X線による原子散乱因子をもとに計算できる。

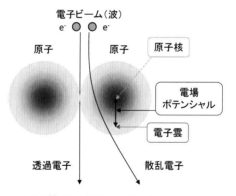

★　電子が原子にあたるときの模式図（実際の原子核・電子のサイズは図よりはるかに小さい）

電子波による結像

　図は、電子ビームを試料に照射したときに形成される電子回折パターンと電子顕微鏡像を模式的に示したものである。電子線（電子ビーム）は、電子銃（源）から出てきて試料に照射される。試料は電子ビームに対して十分薄い試料である。電子は粒子であると同時に波の性質を有している。ここでは、透過する電子と、原子に

よって散乱される電子に分かれる。このとき試料が結晶であれば散乱された電子波に回折現象が生じる。この散乱された電子の波による回折波の強度（**振幅**）は、原子の種類に関する情報をもち、波の**位相**は原子の位置に関する情報をもっている。

　それぞれの電子の波は、試料を通過後、電磁石でできた電子レンズを通過してそこで電子の向きが収束される方向に集められる（実際の電子顕微鏡では、高倍率にするために試料の前後にさらにいくつかの電子レンズがある）。透過した電子波と散乱した電子波がそれぞれ進むに従って、電子波の波長の整数倍の距離の差がある位置では波がお互いに強調し合い明るくなり（位相が同じ）、他の位置ではお互いに波が打ち消しあい暗くなる（位相が逆）。この明るくなった領域が、電子回折スポット（反射）であり、図に示すような**電子回折パターン**が現れ、これは逆空間と呼ばれる。このように、実空間にある試料から電子レンズを通過して逆空間に変化していく様子は、数学的にはフーリエ変換に対応している。

　さて逆空間を通過した電子波のうち、透過した電子波と散乱した電子波が二つの回折スポットからさらに下の方に移動していくが、電子の進んだ経路が異なるために、進んだ距離に差がでて、ある位置で二つの波が干渉しその波の位相差によって像を形成する。この像が電子顕微鏡像であり、このコントラストは**位相コントラスト**と呼ばれ実空間に対応し、このときの逆空間から実空間への変換は**フーリエ(Fourier)変換**に対応している。

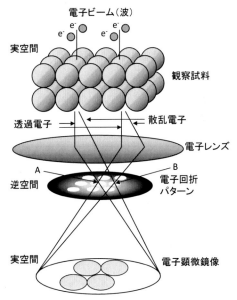

★　**電子ビームを試料に照射したときに形成される電子回折パターンと電子顕微鏡像**

像コントラスト

上の位相コントラストで注意しなければならない点は、レンズの**フォーカス**を原子にきっちりあわせてしまうと、透過した電子と散乱された電子の波の位相がπだけずれて逆になってしまい、お互いの波が完全に打ち消しあってしまいコントラストがでてこないことである。そこで、若干フォーカスを下側にずらすと、電子波の位相に差が出てコントラストが現れてくるようになる。以上のように、高分解能電子顕微鏡で撮影されたこの微妙な**位相コントラスト**の中に原子配列が見えてくるのである（実際に図のような原子配列像を得るためには、もっと多数の電子波が必要）。実際にこの原子が見える像が撮影できる条件は非常に狭く、電子レンズを初めとして、様々な微調整をしなければならない。原子が見える像は電子の位相を利用した位相コントラストでありコントラスト強度としても非常に弱い。

上の高分解能観察の場合には普通数10万倍の倍率で行うが、もう少し低倍率での観察では次の二つのコントラストが主になる。数千倍の低倍率観察で主になってくるのは、試料中の厚さの厚いところや原子番号が大きいものが存在するところで、電子が試料に吸収されて暗く写る**吸収コントラスト**である。

もう一つは、**回折コントラスト**と呼ばれるコントラストで、試料中の析出物、界面、欠陥など結晶中に格子歪が生じる所に結晶とは異なる電子回折現象が生じ、コントラストの違いが生じる。

透過電子顕微鏡では、電子レンズの電流値を調節するだけで磁場強度が変化し焦点距離を変化させられるので、目的とする観察倍率を容易に得ることができる。

電子回折パターン

様々な物質は、原子が規則的に配列した結晶となっていることが多い。規則配列した原子に応じて、各原子に散乱された電子波は干渉し、回折パターンを形成する。このとき、各原子に散乱された散乱波の位相は原子の位置で決まり、振幅は原子の種類によって決まる。通常の電子回折パターンにおいては、明るい点状のパターンとなるが、このスポットの強度（明るさ）は、回折波の振幅に関係している。しかし、位相に関する情報は、電子回折パターンでは失われるので、原子の絶対位置に関する情報は失われ、回折スポットの配置により原子の相対位置に関する情報が得られる。

この電子回折強度 I は以下の式によって与えられる。**電子線回折強度**には、結晶の単位胞の中での原子の種類と位置に関する情報が含まれている。F は**結晶構造因子**で、

結晶内のポテンシャル（原子）の分布をフーリエ変換したものに対応する。この結晶構造因子 F は、結晶の単位胞の中での原子の種類と位置に関する情報を含んでおり、**原子散乱因子** f の単位胞内での分布に依存している。基本的には、X 線回折で述べた結晶構造因子 F と同様のものと考えてよい。

$$I = D|F|^2 \tag{3.1}$$

F の具体的な値は、電子回折パターンの中の各回折反射での回折強度（白い点の明るさ）として測定され、それぞれの回折反射により値が異なる。実際にはこれに加えて、**動力学的回折効果** D と呼ばれる結晶が厚いために生じる効果が存在する。前節の図に示した原子による電子の散乱の様子では、電子は1回しか原子によって散乱されていないが、実際には試料（結晶）が若干の厚さをもっているため2回以上散乱することが多く、複雑な回折効果を生じる場合が多い。データの単純な解釈を行うためには、この動力学的回折効果 D の影響をできるだけ小さくすることが大切である。

電子回折の計算

ダイヤモンド構造を持つ半導体シリコンの[100]、[110]、[111]入射原子配列モデルと計算された電子回折パターンを図に示す。

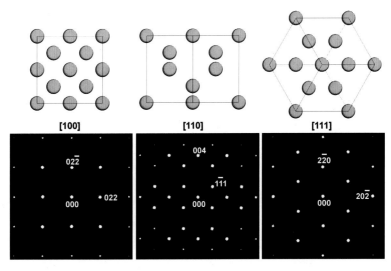

★ シリコンの[100]、[110]、[111]入射原子配列モデルと電子回折パターン

　ダイヤモンド構造を持つ、半導体ゲルマニウムやダイヤモンドも、全く同様の回折パターンを示す。電子回折パターン中の回折点（図中白い点：Bragg反射）の振幅（白い点の明るさのレベル）は、原子の種類及び単位胞内の**相対原子配置**に関する情報を含んでおり、この構造の原子配列の枠組みを知ることができる。しかし実際には、試料の動力学的回折効果が大きく、単位胞の大きさは知ることができるが、この電子回折パターンから原子の種類・位置までを直接詳細に決めることは難しい。ただ、試料を非常に薄くして動力学的回折効果をできるだけ最小限に抑え、様々な方向からの電子回折パターンを撮影し、多数の回折反射をデータとして集めれば、単位胞内でのある程度の原子の種類・位置が決定可能であり（厳しい条件ではあるが）、高分解能像と電子回折パターンから得られる構造モデルを精密化することも可能である。

電子回折の実例

　太陽電池用 Si 結晶の[110]入射電子回折パターンを図に示す。計算したシリコンの[110]入射電子回折パターンと比較すると、ほぼ同じ形で回折反射が現れるが、この Si 結晶では、**禁制反射**であるはずの002が現れている。これは、電子が試料中で何度も回折する**多重回折**、もしくは局所的欠陥による対称性の破れにより、禁制反射が現れていると考えられる。

　電子回折パターンの主な利用法としては、既知の化合物の同定が挙げられる。電子回折パターンからは、結晶構造や格子定数などが主に得られるので、既に X 線回折実験などで結晶構造因子のわかっている物質であれば、JCPDS カードや ASTM カード等には各反射の回折強度が掲載されているので、それらを参照しながら回折反射に**指数付け**を行い、目的とする化合物の構造を有しているかどうかが判断できる。

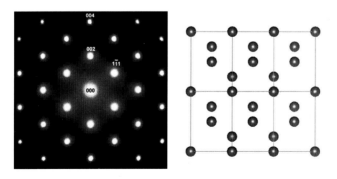

★　　**太陽電池用Si結晶の[110]入射電子回折パターンと構造モデル**

高分解能電子顕微鏡像

　電子ビームを試料に照射したときに形成される電子回折パターンと電子顕微鏡像の図において述べたように、電子回折パターンにおける回折スポットからさらに下の方に電子波が移動していき干渉し、波の位相差によって位相コントラストを主とする**高分解能電子顕微鏡**（HREM：High-Resolution Electron Microscope）像を形成する。

　ここで簡単に考えるために、観察する試料は十分薄く、動力学的回折効果Dが十分に小さいものとする。この時の**HREM像**の像強度は次の式で与えられる。この近似を**弱位相物体近似**という。弱位相物体近似とは、観察する試料（位相物体：電子の位相を変化させる物体）の厚さが数nmと十分薄く、試料の中での電子の吸収を無視することができ、位相の変化が十分に小さい（$\sigma V \ll 1$）と考える近似である。相互作用定数σは、電子顕微鏡の加速電圧E(V)によって決まる値であり、電子顕微鏡の加速電圧が高くなればなるほどσが小さくなり、像強度Iは大きくなる。

$$I \approx 1 - 2\sigma V \tag{3.2}$$

$$\sigma = \frac{\pi}{\lambda E} \cdot \frac{2}{1 + \sqrt{1 - (v/c)^2}} \tag{3.3}$$

　Vは、結晶内のポテンシャルを観察方向に投影したものである。結晶の中には原子が分布しており、プラスの電荷を持つ原子核と、マイナスの電荷を持つ電子によって、電場（ポテンシャル）ができる。結晶の中の原子の配列の仕方によってポテンシャルの分布が場所により様々に変化し、それを電子顕微鏡で観察しているのである。

　HREM像は、電子回折パターンをフーリエ変換したものであり、実空間でのポテンシャル分布Vが再び現れてくる。この式から、ポテンシャル分布Vの値が大きい位置（例えば金属位置）は暗いコントラスト(黒点)を、一方、Vの値が小さい位置（原子の存在しない位置）は明るいコントラスト(自点)を示す。つまり、結晶内のポテンシャルの高い部分（原子番号の大きい重原子位置）は、黒さが濃く大きいコントラストを示すわけである。HREM像は、中心波と回折波(位相差π)の干渉で強度が0になるところから、わざとフォーカスをずらしているため、回折波の振幅に加えて位相が含まれているので、原子の絶対位置に関する情報を得ることができ非常に大きな武器となる。

　HREM像には、格子縞、格子像、構造像がある。**格子縞**は、透過波と回折波の2つの電子波が干渉してできる、1次元的に強度が変化する高分解能像である。電子顕

鏡像の中では、格子縞は1次元の縞模様として現れ、数nm程度の微結晶の観察に用いられる。**格子像**は2次元格子の縞模様として現れ、単位胞レベルの情報（格子定数、結晶格子面間隔など）を含んでいるのが格子像であり、比較的撮影しやすいため広く使用される。一方、**構造像**は、原子配列を直接示す像でありより多くの情報を含むが、より厳しい撮影条件を満たさなければならない。

構造像から得られる情報

　HREMによる結晶構造像から得られる情報を以下に簡単にまとめる。いずれにしても、HREM像のシミュレーションとの対応が必要不可欠である。

(1) 原子の種類： 限られた条件内（結晶構造、観察方位、試料厚さ、結像条件他）ではあるが、目的とする試料の組成が明らかになっている場合（試料合成時の組成比や電子顕微鏡のEDX分析による元素組成比など）、HREM像から原子の種類を識別できる。最適条件の場合、原子番号が大きいほど黒さが濃く大きく写る。

(2) 原子の位置： 構造像中に現れる黒点の中心、つまり重原子の存在する位置の測定によって、金属原子の座標を約0.01 nmの精度で決定できる。

(3) 原子の個数： 限られた条件でのシミュレーションとの対応により、観察領域の原子の個数を決定できる。

　構造像の一例として超伝導酸化物$TlBa_2Ca_3Cu_4O_{11}$のa軸入射HREM像を図に示す。この原子配列が最初に見出されたときは、単一相の合成が難しく複数の化合物が混じりあった混相として見出されたため、X線回折ではなく高分解能電子顕微鏡が大きな威力を発揮した。この像は非常に薄い領域で（約2 nm）、**シェルツァー（Scherzer）フォーカス**と呼ばれる最適フォーカス近傍で撮影後、画像処理したものであり、投影ポテンシャル分布を正確に表わし、陽イオン（金属原子）の位置が黒く写っている。試料の組成及びこの構造像から、図に示した原子配列モデルを導きだすことができる。重原子であるTl原子（原子番号$Z = 81$）、Ba原子（$Z = 56$）位置は特に濃く大きい黒丸として写っている。次に大きいのが、Cu原子（$Z = 29$）であり、原子番号の小さいCa（$Z = 29$）は一番小さい黒丸として写っている。またCa層に明るい白丸（図中O_v）が見られる。図中では、酸素原子位置は直接観察することはできないが、酸素原子が存在しないCa層は明るい白丸として写り、他の領域には酸素原子が存在している。

　図に示されているHREM像中の黒点（Tl、Ba、Cu、Ca）は、あたかもそれぞれ1個ずつの原子に見える。しかし実際には観察方向に（紙面に垂直方向に）5－6個の原子が存在している。この原子の個数を決定するには、この観察像とコンピューターシミュレーションを対応させれば、その領域における原子の個数を見積もることが可能となる。

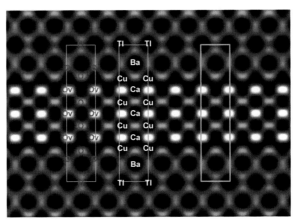

★　$TlBa_2Ca_3Cu_4O_{11}$ の HREM 像

演習問題

1. 太陽電池用Siの電子回折パターンを右図に示す。回折反射Aに対応する面間隔dを求めよ。紙面上の回折反射の直径 [mm] × d [Å] = 定数であり、34.5とする。
   [1.90 Å]

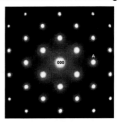

2. Siの指数 hkl と面間隔 d の表を右に示す。問1のAの反射の指数を求めよ。[220]

hkl	111	220	311	400
d (Å)	3.14	1.92	1.64	1.36

3. 超伝導関連酸化物Sm_2CuO_4の構造像を右図に示す。Sm原子とCu原子は図のどの位置に存在するか記せ。また酸素原子位置はどのようになっているか。酸素位置を調べる方法についても記せ。[Sm: 大きい黒丸、Cu: 小さい黒丸、酸素: 白い位置、シミュレーション像との対応]

コラム　　人間は水でできている

　美しい雪の結晶は見ていても楽しい。暖かくなると液体の水となって溶けていく。日本は水が豊かな国であり、人間の身体は大部分、その水でできている。生まれたばかりのあかちゃんでは、8割近くが水分である。大きくなるに従って、7割になる。そしてだんだんと水以外の割合がふえていき、成人男性では6割になる。

　毎日、大量の水がからだに入り、老廃物とともに出ていく。人間のからだの中身は、毎日かなり入れ替わっているのだ。お米を食べれば、その産地から運ばれてきた原子を食べることになる。果物も、その産地からきた原子を食べているのだ。さらに、水や空気もとりこまれていく。海外旅行をすれば、別の国の空気に含まれる酸素原子を取り込み、水分子（酸素と水素の原子）をとりこんでいる。水は、からだのさまざまな組織とどんどん入れ替わる。筋肉の一部や骨になるものもある。さらには、脳の8割も水でできている。

　そして一年後には、もとのからだの原子の98%は消えている。七年後にはほぼ完全に、原子が入れ替わっている。物質的には、「完全に別人」なのである。

コラム　　脳は意識の検出器？

　脳内物質は、一年たつと原子レベルではほぼ入れ替わっているのに、実際には、われわれの意識はほとんど変わらない。さらに生まれてから今までの記憶はわれわれの心にすぐ浮かんでくるが、その情報量を考えるとあまりにも膨大な情報量で、仮に原子1個1個にその情報を記録させても、とても容量が足りそうにない。脳の中の原子の配列が、「心」を生み出すという考えには、ちょっと無理がありそうだ。それでは、「心」はどのようにして生み出されるのだろうか。

　脳という「場」に入ってきた原子は整然とならび、さまざまな役割を果たしている。その「場」には、何らかの「情報」が存在しなければならない。どこにそんな情報があるのだろうか。ある種の情報がその空間にあり、コヒーレントな水に働きかけているのかもしれない。脳はある種の情報の検出器・送受信機としてもはたらき、そしてそれをわれわれが「心」と感じているのかもしれない。

　もしこの仮説が正しければ、脳が存在する前に、もしくは脳が存在しなくても、空間に意識・心に関する情報が存在することになる。Nature、Science などの超一流国際学術誌よりさらにインパクトファクターの高い国際医学学術論文誌 The Lancet に、心肺機能・脳機能が停止した時の意識体験に関する研究が報告されている。物質科学で考えれば、生体機能が停止すれば、意識体験は不可能なはずである。しかし蘇生した患者さん達が、かなり高い確率で、ある特殊な共通の意識体験を報告しており、脳機能が停止した状態でも、意識体験が可能なことを示しているのである。脳と意識の不思議は21世紀最大の科学的課題であろう。

第4章

結晶の結合

原子軌道と分子軌道

原子核のまわりに存在する1個の電子の状態を記述する波動関数を、**原子軌道**という。その絶対値の二乗は、原子核のまわりの空間の各点における、電子の**存在確率**に比例する。

ここでの軌道とは、古典力学の軌道とは意味が異なり、量子力学では、電子は原子核の周囲を回っているのではなく、その位置は確率的に示される。

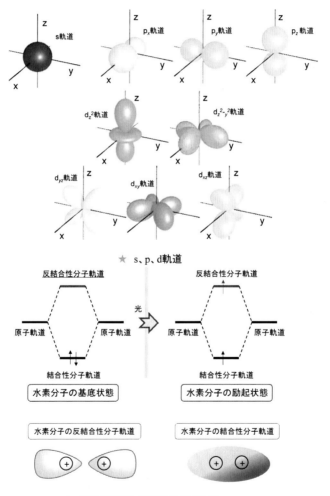

★ s、p、d軌道

★ 結合性軌道と反結合性分子軌道

　分子中の各電子の空間分布を記述する一電子波動関数を**分子軌道**という。分子軌道法では、電子に対する**シュレーディンガー方程式**を、一電子近似を用いて解くことで得られる。1個の電子の位置ベクトルの関数で一般に複素数である。

　二つの水素原子に働く結合力は、分子から固体になっても共通する部分も多い。原子核間距離により、**パウリの排他原理**により、電子のスピンが反平行の時、二つの原子核間でエネルギーの低く電子が集まりやすい領域ができ（**結合性分子軌道**）、結合が生じる。

 ## 結晶の結合

　結晶の結合力は、主に以下の5種類に分類される。結合力の原因は、基本的には静電エネルギーである。

① 分子性結晶 (Molecular crystal))
② 水素結合結晶 (Hydrogen-bonded crystal)
③ 金属結晶 (Metallic crystal)
④ イオン結合結晶 (Ionic crystal)
⑤ 共有結合結晶 (Covalent crystal)

★ **結晶と結合**

結晶	物質	結合エネルギー (kJ mol^{-1})	結合力の原因
イオン結晶	NaCl	765	イオン間の静電力
	KCl	688	
	AgCl	861	
共有結合結晶	ダイヤモンド	711	電子対結合
	SiC	1180	
金属結晶	Na	108	伝導電子
	Mg	145	
	Al	327	
	Cu	336	
	Fe	413	
分子性結晶	CH$_4$	10	ファンデルワールス力
水素結合結晶	H$_2$O	50	H$^+$を介する静電力

　なお液体の物理的性質は、固体とかなり違うが、結合力の性質は固体と大きな違いはない。固体を液体にするときには融解熱が必要であるが、結合エネルギーに比べるとかなり小さく数％程度で、体積も数％程度と大きくは変化しない。微視的には、結晶に近い構造が乱れた状態になっていると考えられる。

分子性結晶

　分子結晶は、多数の分子が分子間相互作用で結びついている結晶で、希ガス元素やH$_2$、CH$_4$などの飽和化合物からなる結晶である。

　電荷を持たない中性の原子、分子間で主に働く凝集力を**ファンデルワールス力**という。ファンデルワールス力のポテンシャルエネルギーは、距離の6乗に反比例する。つまり力の到達距離は、非常に短く弱い。この凝集力で分子間に形成される結合がファンデルワールス結合である。

　ファンデルワールス力は、励起双極子やロンドン分散力により引力がはたらく。電荷的に中性で**双極子モーメント**がほとんどない無極性分子でも、分子内の電子分布は、定常的に対称・無極性な状態が維持されるわけではなく、瞬間的には非対称な分布となる場合がある。これによって生じる電気双極子モーメントが、周囲の分子の電気双極子と相互作用し凝集力となる。この動的に形成される双極子同士の引力を**分散力**という。これは、分極率の振動数特性を分散特性と呼ぶためである。電子が自発的分極することによる分散力を、**ロンドン分散力**という。また、発生した他の分子の双極子は、無極性分子の電子分布を偏向させ**励起双極子**を発生させる。

　理論的なファンデルワールス力は、分子間に働く分散力で定義され、等方向性で原子間距離の6乗に反比例する力である。レナード・ジョーンズ型ポテンシャルの、長距離方向のポテンシャルが6乗で増加するのは、このファンデルワールス力を表すためである。しかし、現実の分子は理論が想定する球体ではなく、それぞれ固有の構造をとり、現実のファンデルワールス力も異方性がある。分子の近傍においては、分子の形状に応じて、ファンデルワールス力の強弱が現れ、結晶格子に配置する際に安定な状態を複数取りうるため、ファンデルワールス力の異方性は結晶多形の要因の一つである。

　水素分子は、分子内結合力が強いため、イオン結晶などとは異なり、高圧下でもある程度分子構造を保っている。300万気圧ほどになると水素分子は壊れて、水素原子からなる金属結晶になる。木星は土星の内部は、このような**金属水素**から成ると考えられている。

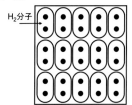
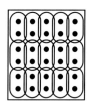

★ 常圧下、高圧下、金属状態の水素結晶

レナード・ジョーンズ・ポテンシャル

　レナード・ジョーンズ・ポテンシャルは、2つの原子間の相互作用ポテンシャルエネルギーを表す経験的モデルの一つである。レナード・ジョーンズ・ポテンシャル U は厳密ではないが、ポテンシャル曲線を表す式が簡単で扱いやすいので、分子動力学計算など、様々な分野において使われていて、この方法で十分な場合が多い。

　距離Rだけ離れた2個の原子のポテンシャルエネルギー$U(R)$は次式のようになる。ここで、σ と ϵ はレナード・ジョーンズ・パラメータで、表に示す。σ は距離の次元を持ち、$r = \sigma$ のとき、$U = 0$ になる。ϵ はエネルギーの次元を持ち、ポテンシャルの深さを表している。

$$U(R) = 4\epsilon \left[\left(\frac{\sigma}{R} \right)^{12} - \left(\frac{\sigma}{R} \right)^{6} \right] \tag{4.1}$$

$$r_0 = 2^{\frac{1}{6}}\sigma \tag{4.2}$$

　ポテンシャルエネルギーは、2原子間距離$R = r_0$のとき極小値$U(r_0) = -\epsilon$をとり、$R\to\infty$の解離極限では、$U\to0$ となり、零点振動を無視すれば、ϵ は、2原子間の結合エネルギーに相当する。

　距離の−6乗の引力項は、二つの原子間の分散力で、双極子間の相互作用によるものである。原子の永久双極子が0であっても、短時間では電荷分布の揺らぎによる双極子が現れる。この双極子の電場により、もう一方の原子が分極し、誘起双極子が生じる。この相互作用ポテンシャルは、原子間距離の−6乗に比例する。

　距離の−12乗の斥力項は、電子雲の重なりによって働く反発力である。指数の−12は、−6乗の2乗で扱いやすいため選ばれている。この反発力は、**パウリの排他原理**により、低いエネルギーの分子軌道に電子が入れないためである。粒子間距離が小さい領域は−12乗の強い斥力で接近することが稀なため、σを衝突直径ともいう。

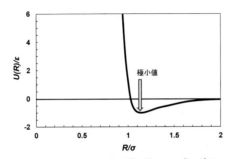

★ レナードージョーンズ・ポテンシャルとパラメータ

水素結合結晶

　水素結合は、電気陰性度が大きな原子に共有結合で結びついた水素原子が、近傍に位置した窒素、酸素、硫黄、フッ素、π電子系などの孤立電子対とつくる非共有結合性の引力相互作用である。水素結合には、異なる分子の間に働くもの（分子間力）と単一の分子の異なる部位の間に働くものがある。

　水素結合は、陰性原子上で電気的に弱いプラス (δ^+) を帯びた水素が、周囲の電気的に陰性な原子との間に引き起こす静電的力として説明されるが、相対配置による指向性をもつ。典型的な水素結合は、ファンデルワールス力より10倍程度強い（5〜30 kJ mol^{-1}）が、共有結合やイオン結合と比べると、はるかに弱い。水素結合は、水などの無機物においても、DNAなどの有機物においても作用する。水素結合は、相変化などの熱的性質や水と他の物質との親和性など、水の性質において重要な役割を担っている。

　分子同士の親和力として、主に水素結合で形成されている結晶を水素結合結晶という。最も身近な水素結合結晶は、氷である。水素結合はファンデルワールス力よりも強く、同じ程度の分子量の化合物で比べると、水素結合結晶のほうがファンデルワールス結晶よりも格子エネルギーが大きく、融点が高い。例えば、分子量が近いメタン（CH$_4$、分子量 16.04）と水（H$_2$O、分子量 18.02）において、融点はそれぞれメタンが –162 ℃、氷が 0 ℃と、氷の方が高い温度まで安定に存在する。これはメタンの結晶が分子性結晶で、分子間にはたらく親和力が比較的弱いのに対し、水の結晶である氷は水素結合結晶であり、水分子同士がより強く結びついているためである。

 ## 水の結晶

　水素結合結晶の一例として、水の結晶を示す。水は地球上の生命体の源であり、人間の身体の6−7割を占め命の源でもある。

　水分子（H$_2$O）は、液体状態ではばらばらの状態である。H$_2$O 分子において、水素（H）と酸素（O）が結合している角度は、104.45 度である。これは、正四面体角の109.28 度に近い角度である。酸素原子がマイナス、水素原子がプラスの電荷を帯びて分極し、電気的な偏り（極性）をもち、電気双極子を形成する。また、酸素原子が 2 個の水素と共有結合して、あと 2 つ結合に使われていない孤立電子対があり、そこに他の水分子の水素がひきつけられる。

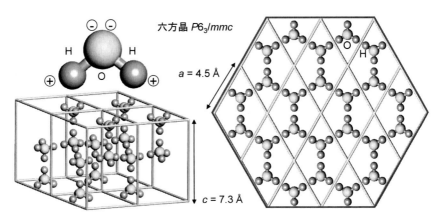

六方晶 $P6_3/mmc$

$a = 4.5$ Å

$c = 7.3$ Å

★ 水分子と結晶構造

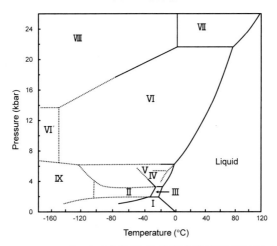

Ice	Density g cm^{-3}	Crystal system	Space group	Z	Cell constant (Å)
I$_h$	0.93	hexagonal	P6$_3$/mmc	4	$a = 4.50$, $c = 7.32$
I$_c$	0.93	cubic	Fd3m	8	$a = 6.35$
II	1.18	rhombohedral	R$\bar{3}$	12	$a = 7.79$, $\alpha = 113.1°$
III	1.16	tetragonal	p4$_1$2$_1$2	12	$a = 6.73$, $c = 6.83$
IV	1.27	rhombohedral	R$\bar{3}$c	16	$a = 7.60$, $\alpha = 70.1°$
V	1.23	monoclinic	A2/a	28	$a = 9.22$, $b = 7.54$, $c = 10.35$, $\beta = 109.2°$
VI'	1.31	orthorhombic	Pmmn	10	$a = b = 6.27$, $c = 5.79$
VI	1.31	tetragonal	p4$_2$/nmc	10	$a = 6.27$, $c = 5.79$
VII	1.49	cubic	Pn3m	2	$a = 3.43$
VIII	1.49	tetragonal	I4$_1$/amd	8	$a = 4.80$, $c = 6.99$
IX	1.16	tetragonal	p4$_1$2$_1$2	12	$a = 6.73$, $c = 6.83$

★ 水の状態図と構造

　水の温度が 0 ℃ になると氷になり、水の分子が規則的に配列する。氷は六方晶構造であり、空間群は、$P6_3/mmc$、$a = 4.5$ Å、$c = 7.3$ Å である。雪の結晶をみるとわかるように、六角形になっている。このときの水分子の配列を図に示す。酸素を中心として、正四面体方向に水素があり、水素原子は酸素の孤立電子対にひきつけられている。図のモデルの酸素原子の間には、水素原子が 2 個描いてあるが、実際はそのうちのどちらか 1 個が存在するので注意されたい。

　氷の構造をみると、酸素原子同士が離れていて、すきまが大きい結晶である。水はこれほどすきまがないので、氷は水よりも軽く、水に浮くのである。氷に圧力をかけていくと、状態図に示すように六方晶以外のさまざまな構造ができ、11種類ほどの構造が知られている。これらの氷は水に沈む氷である。地球の内部や木星より外側の惑星までいくと、このような氷が実際に存在する。

ハイドレート構造

　最近、新たなエネルギー源として注目されている**ハイドレート**という物質がある。メタン分子を取り込んだ水分子を**メタンハイドレート**という。メタンだけでなく、窒素や酸素などさまざまなガスをとりこむ。

　基本は、水の分子がかご状にならんでいるもので、構造は**クラスレート**と同じようにいくつかの構造がある。このハイドレートの特徴は、低い温度か高い圧力のもとででき、大量のガスを貯蔵できるという点である。低い温度で高い圧力がある場所、つまり海の底や、土星より外側の惑星などに存在することがわかっている。

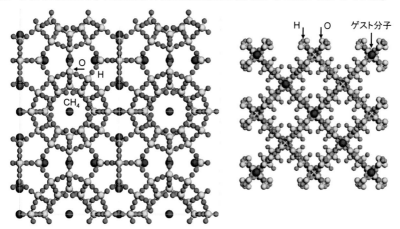

★　2種類のガスハイドレートの構造で左側はメタン分子を内包、酸素の結合手が 4 本になっているが、これは平均的な構造モデルなので、実際はこの 4 本のうち 2 本が存在している

　メタンを含むメタンハイドレートが、日本の周囲の水深 500 m 以下の海の底に、大量にあることがわかってきており、約100年分はあると言われている。そのため石油に代わる新たなエネルギー源として注目されている。見た目は氷にそっくりだが、火を近づけるとメタンだけが燃えて、水だけになってしまう。そのため、燃える氷とよばれている。

　タクシーの燃料も天然ガスであるが、天然ガスの主成分はメタンである。だから、このメタンハイドレートをうまく利用してやれば、大量のガスをハイドレートに保存して運んだり、地球温暖化の原因となっている二酸化炭素などを取り込んで除去することもできる。

金属結晶

　金属結合によって形成される結晶を**金属結晶**という。金属結晶中では金属原子の最外殻電子が切り離され、陽イオンとなっている。

　切り離された電子は**自由電子気体**となり、結晶構成原子間を自由に動き回ることで結晶が保たれる。このため金属結晶は、延性、電気伝導性や熱伝導性に優れ、独特の金属光沢をもつ。金属は下図のように、伝導電子の海の中に正イオンが浮いている状態にたとえられる。

　狭いところに閉じ込められた電子は、不確定性関係のため大きな運動エネルギーをもち、その変化が結合エネルギーとなる。通常、原子一個当たりの伝導電子の個数（価数）が多いほど結合力が強くなる。金属の中で、Fe、Wなどの結合エネルギーが高いのは、伝導電子以外に、内殻電子による共有結合が働いているためと考えられる。

　金属元素は、周期表上で、半金属である、ホウ素、ケイ素、ヒ素、テルル、アスタチンを結ぶ斜めの線より左に位置する。異なる金属同士の合金、非金属を含む相でも金属的な性質を示すものは、金属に含められている。

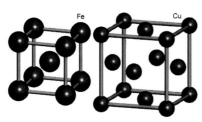

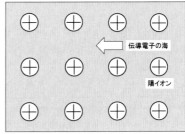

★ **体心立方格子、面心立方格子と金属結晶**

● イオン結晶

　正電荷を持つ陽イオンと、負電荷を持つ陰イオンの間の静電引力による化学結合が、**イオン結合**である。イオン結合によってイオン結晶が形成される。共有結合と比べると、結合性軌道が電気陰性度の高い方の原子に局在化した極限であるとみることもできる。下図はRbBrの結晶構造である。

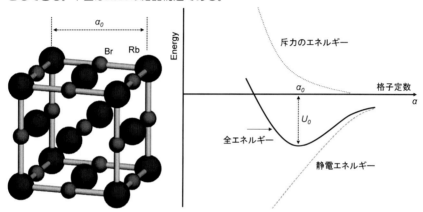

★　RbBrとイオン結晶のエネルギー

　イオン結合は金属元素（陽イオン）と非金属元素（陰イオン）との間で形成されることが多い。イオン結合によってできた物質は組成式で表される。

　イオン間の静電相互作用によるエネルギーの総和を、**マーデルングエネルギー**という。イオン結晶の全ポテンシャル$U(R_0)$は、結晶における最隣接イオン間距離R_0、最隣接の陰陽イオンのペアの数N、イオンの価数Z、素電荷e、**マーデルング定数**α、経験的パラメータρを用いて、次のようになる。

$$U(R_0) = -\frac{N\alpha Z_1 Z_2 e^2}{4\pi\varepsilon_0 R_0}\left(1-\frac{\rho}{R_0}\right) \tag{4.3}$$

ここでマーデルング定数は、静電気的なポテンシャルエネルギーを表す定数で、結晶構造の種類により決まる。**結晶エネルギー、格子エネルギー**または**結合エネルギー**は、$-U$で表される。

　格子エネルギーは、結晶格子を構成する原子、分子あるいはイオンが気体状態から固体結晶になるときの凝集エネルギーで、金属結晶や分子結晶では$0\,\mathrm{K}$での昇華熱に相当する。格子エネルギーは結合力の一つの指標で、融点や沸点と密接に関係し、結晶という集合体全体の結合エネルギーに相当する。

★ 原子半径とイオン半径

凡例（各元素セルの数値は上から順に）:
- 希ガス（閉殻）構造にあるイオンの標準半径 Å
- 正四面体共有結合にあるときの原子半径 Å
- 配位数12の金属でのイオン半径 Å

1	2	3	4	5	6	7	8	9	10	11	12	13	14	15	16	17	18
Li 0.68 / 1.56	Be 0.35 / 1.06 / 1.13											B 0.23 / 0.88 / 0.98	C 0.15 / 0.77 / 0.92	N 1.71 / 0.70	O 1.40 / 0.66	F 1.36 / 0.64	Ne 1.58
Na 0.97 / 1.91	Mg 0.65 / 1.40 / 1.60											Al 0.50 / 1.26 / 1.43	Si 0.41 / 1.17 / 1.32	P 2.12 / 1.10	S 1.84 / 1.04	Cl 1.81 / 0.99	Ar 1.88
K 1.33 / 2.38	Ca 0.99 / 1.98	Sc 0.81 / 1.64	Ti 0.68 / 1.46	V 1.35	Cr 1.28	Mn 1.26	Fe 1.27	Co 1.25	Ni 1.25	Cu 0.74 / 1.35 / 1.28	Zn 0.53 / 1.31 / 1.37	Ga 0.62 / 1.26 / 1.41	Ge 0.53 / 1.22 / 1.39	As 1.18	Se 1.98 / 1.14	Br 1.95 / 1.11	Kr 2.00
Rb 1.48 / 2.55	Sr 1.13 / 2.15	Y 0.93 / 1.80	Zr 0.80 / 1.60	Nb 0.67 / 1.47	Mo 1.40	Tc 1.36	Ru 1.34	Rh 1.35	Pd 1.38	Ag 1.26 / 1.52 / 1.45	Cd 0.97 / 1.48 / 1.57	In 0.81 / 1.44 / 1.66	Sn 0.71 / 1.40 / 1.55	Sb 2.45 / 1.36 / 1.59	Te 2.21 / 1.32	I 2.16 / 1.28	Xe 2.17
Cs 1.67 / 2.73	Ba 1.35 / 2.24	La 1.15 / 1.88	Hf 1.58	Ta 1.47	W 1.41	Re 1.38	Os 1.35	Ir 1.36	Pt 1.39	Au 1.37 / 1.44	Hg 1.10 / 1.48 / 1.57	Tl 0.95 / 1.72	Pb 0.84 / 1.75	Bi 1.70	Po 1.76	At	Rn
Fr 1.75	Ra 1.37	Ac 1.11															

ランタノイド

Ce	Pr	Nd	Pm	Sm	Eu	Gd	Tb	Dy	Ho	Er	Tm	Yb	Lu
1.01 / 1.71-1.82	1.83	1.82	1.81	1.80	2.04^{2+} / 1.82^{3+}	1.80	1.78	1.77	1.76	1.76	1.757	1.94^{2+} / 1.74^{3+}	

アクチノイド

Th	Pa	U	Np	Pu	Am	Cm	Bk	Cf	Es	Fm	Md	No	Lr
0.99 / 1.80	0.90 / 1.63	0.83 / 1.56	1.56	1.58-1.64	1.81								

共有結合結晶

　原子同士で互いの電子を共有することで生じる化学結合を**共有結合**といい、強い結合力をもつ。ダイヤモンドやシリコンなどは共有結合している。分子は共有結合によって形成され、共有結合によって形成される結晶が**共有結合結晶**である。**配位結合**も共有結合の一種である。この結合は非金属元素間で生じる場合が多いが、金属錯体中の配位結合の場合など例外もある。

　共有結合は、価電子が原子軌道から分子軌道へと遷移することで形成される。分子軌道は、その由来する原子軌道のエネルギー準位や電子密度分布の異方性に応じて、分子軌道も様々なエネルギー準位と空間分布を示す。共有結合の強度や原子間距離は、生成した分子軌道に属する電子分布と原子核との電磁気力により決まる。

　2つの原子軌道からは一般に、**結合性軌道**と**反結合性軌道**が生成する。反結合性軌道は、軌道軸の中心付近に波動関数の節が存在する。波動関数の節が多いほどエネルギー準位は高く、また節付近は電子の存在確率が低い領域となる。エネルギー準位の低い結合性軌道ほど原子軌道から電子が遷移して安定化しやすく、また2個の原子核の間に電子密度が高い領域が形成され、そこに原子核がひきよせられる。さらに核の正電荷を電子の負電荷がしゃへいするため、原子核同士の反発は弱まる。その結果、分子軌道に参加しない他の軌道に属する電子（原子軌道や反結合性軌道上

の電子）間の反発力と、分子軌道の電子による求引力の釣り合いで、安定な共有結合を形成する。結合性軌道に対して、反結合性軌道に存在する電子は、原子核間を結びつける働きに寄与していない。

　共有結合では、**単結合と多重結合（二重結合と三重結合）**が存在する。単結合は、σ結合のみで形成される。一方、多重結合は、1つのσ結合に加えて1つないしは2つのπ結合で構成される。そのため単結合と多重結合では、反応性や分子構造の物理化学的性質が異なる。

　一般に、π結合はσ結合より結合エンタルピーが低い。また、σ結合は結合軸に対して電子軌道が回転対称を持たないため、立体配座が結合軸で自由回転できる。一方、π結合は回転対称を持つため、結合軸で自由回転することが出来ず、立体配座は固定的になっている。

　下図に示すように、原子番号が大きくなるほど**共有結合長**が長くなり、格子定数が大きくなる。

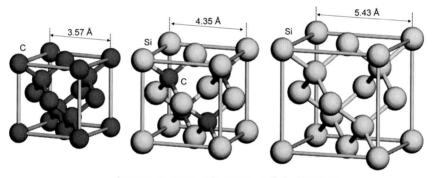

★　ダイヤモンド、炭化ケイ素、シリコンの構造と格子定数

● 凝集エネルギー

　凝集状態である固体の構成原子を、互いに無限に遠く離すのに必要なエネルギーを、**凝集エネルギー**という。これは凝集状態の全エネルギー（運動エネルギーとポテンシャルエネルギーの和）とその物質の自由原子の全エネルギーとの差である。凝集エネルギーを表にして示す。0 K、1気圧の固体を、基底状態にあるばらばらの中性原子にするのに要するエネルギーの値を示してある。希ガス結晶は非常に小さい値で、結合力が弱い。ダイヤモンド（C）やタングステン（W）の凝集エネルギーが高く、融点も高いことがわかる。

★ 元素の凝集エネルギーレベル図

結晶		格子定数（Å）	凝集エネルギー(eV)	体積弾性率(Mbar)
Diamond	計算値	3.60	8.10	4.33
	実験値	3.57	7.35	4.43
Si	計算値	5.45	4.84	0.98
	実験値	5.43	4.63	0.99
Ge	計算値	5.66	4.26	0.73
	実験値	5.65	3.85	0.77

自由原子（イオン）の
全エネルギー → 分散

凝集状態の全エネルギー
運動＋ポテンシャルE

凝集エネルギー

★ 元素の凝集エネルギー

単位：上段 kJ mol⁻¹ → kJ mol^{-1}、中段 eV atom^{-1}、下段 kcal mol^{-1}

	Li	Be												B	C	N	O	F	Ne
	158.	320.												561	711.	474.	251.	81.0	1.92
	1.63	3.32												5.81	7.37	4.92	2.60	0.84	0.020
	37.7	76.5												134	170.	113.4	60.03	19.37	0.46
	Na	Mg												Al	Si	P	S	Cl	Ar
	107.	145.												327.	446.	331.	275.	135.	7.74
	1.113	1.51												3.39	4.63	3.43	2.85	1.40	0.080
	25.67	34.7												78.1	106.7	79.16	65.75	32.2	1.85

	K	Ca	Sc	Ti	V	Cr	Mn	Fe	Co	Ni	Cu	Zn	Ga	Ge	As	Se	Br	Kr
	90.1	178.	376	468.	512.	395.	282.	413.	424.	428.	336.	130.	271.	372.	285.3	237	118.	11.2
	0.934	1.84	3.90	4.85	5.31	4.10	2.92	4.28	4.39	4.44	3.49	1.35	2.81	3.85	2.96	2.46	1.22	0.116
	21.54	42.5	89.9	111.8	122.4	94.5	67.4	98.7	101.3	102.4	80.4	31.04	64.8	88.8	68.2	56.7	28.18	2.68
	Rb	Sr	Y	Zr	Nb	Mo	Tc	Ru	Rh	Pd	Ag	Cd	In	Sn	Sb	Te	I	Xe
	82.2	166.	422.	603.	730.	658	661.	650.	554.	376.	284.	112.	243.	303.	265.	211	107.	15.9
	0.852	1.72	4.37	6.25	7.75	6.82	6.85	6.74	5.75	3.89	2.95	1.16	2.52	3.14	2.75	2.19	1.11	0.16
	19.64	39.7	100.8	144.2	174.5	157.2	158.	155.4	132.5	89.8	68.0	26.73	58.1	72.4	63.4	50.34	25.62	3.80
	Cs	Ba	La	Hf	Ta	W	Re	Os	Ir	Pt	Au	Hg	Tl	Pb	Bi	Po	At	Rn
	77.6	183.	431.	621.	782.	859.	775.	788.	67.0	564.	368.	65.	182.	196.	210.	144.		19.5
	0.804	1.90	4.47	6.44	8.10	8.90	8.03	8.17	6.94	5.84	3.81	0.67	1.88	2.03	2.18	1.50		0.202
	18.54	43.7	103.1	148.4	186.9	205.2	185.2	188.4	160.1	134.7	87.96	15.5	43.4	46.78	50.2	34.5		4.66
	Fr	Ra	Ac															
		160.	410.															
		1.66	4.25															
		38.2	98.															

Ce	Pr	Nd	Pm	Sm	Eu	Gd	Tb	Dy	Ho	Er	Tm	Yb	Lu
417.	357.	.328.		206.	179.	400.	391.	294.	302.	317.	233.	154.	428.
4.32	3.70	3.40		2.14	1.86	4.14	4.05	3.04	3.14	3.29	2.42	1.60	4.43
99.7	85.3	78.5		49.3	42.8	95.5	93.4	70.2	72.3	75.8	55.8	37.1	102.2

Th	Pa	U	Np	Pu	Am	Cm	Bk	Cf	Es	Fm	Md	No	Lr
598.		536.	456	347.	264.	385							
6.20		5.55	4.73	3.60	2.73	3.99							
142.9		128.	109.	83.0	63.	92.1							

★ 元素の融点（K）

	Li	Be												B	C	N	O	F	Ne
	453.7	1562												2365	3915 (Vap)	63.15	54.36	53.48	24.56
	Na	Mg												Al	Si	P	S	Cl	Ar
	371.0	922												933.5	1687	w317 863	388.4	172.2	83.81

	K	Ca	Sc	Ti	V	Cr	Mn	Fe	Co	Ni	Cu	Zn	Ga	Ge	As	Se	Br	Kr
	336.3	1113	1814	1946	2202	2133	1520	1811	1770	1728	1358	692.7	302.9	1211	1089	494	265.9	115.8
	Rb	Sr	Y	Zr	Nb	Mo	Tc	Ru	Rh	Pd	Ag	Cd	In	Sn	Sb	Te	I	Xe
	312.6	1042	1801	2128	2750	2895	2477	2527	2236	1827	1235	594.3	429.8	505.1	903.9	722.7	386.7	161.4
	Cs	Ba	La	Hf	Ta	W	Re	Os	Ir	Pt	Au	Hg	Tl	Pb	Bi	Po	At	Rn
	301.6	1002	1194	2504	3293	3695	3459	3306	2720	2045	1338	234.3	577	600.7	544.6	527		
	Fr	Ra	Ac															
		973	1324															

Ce	Pr	Nd	Pm	Sm	Eu	Gd	Tb	Dy	Ho	Er	Tm	Yb	Lu
1072	1205	1290		1346	1091	1587	1632	1684	1745	1797	1820	1098	1938

Th	Pa	U	Np	Pu	Am	Cm	Bk	Cf	Es	Fm	Md	No	Lr
2031	1848	1406	910	913	1449	1613	1562						

演習問題

1. 原子が$5.0×10^{-15}$ m程度まで接近すると、核融合を起こし質量の一部がエネルギーに変換する。He原子3個が核融合して炭素原子が生成するとき、レナード・ジョーンズポテンシャルに従うと仮定すると、He二原子を$5.0×10^{-15}$ m 接近させるためのエネルギーを求めよ。$\varepsilon = 14×10^{-23}$ J、$\sigma = 2.56$ Å とする。[$1.8×10^{35}$ J]

2. He原子の温度を上げれば核融合が起こる。問1のエネルギーは何度の温度に対応するか求めよ。ボルツマン定数を$k_B = 1.381×10^{-23}$ J K^{-1}とする。[$1.3×10^{58}$ K]

3. RbI結晶の結合エネルギー（格子エネルギー）$-U$を求めよ。マーデルング定数 $\alpha = 1.7$、Rb$^+$とI$^-$の最近接イオン間距離 0.34 nm、$\rho/R_0 = 0.10$、Nはアボガドロ定数 $N_A = 6.02×10^{23}$ mol^{-1}とする。[630 kJ mol^{-1}]

コラム　　　アインシュタインの思想

- 一見して人生には何の意味もない。しかし一つの意味もないということはあり得ない。
- 天才とは努力する凡才のことである。
- 神はいつでも公平に機会を与えてくださる。
- 過去から学び、今日のために生き、未来に対して希望をもつ。
- 挫折を経験した事がない者は、何も新しい事に挑戦したことが無いということだ。
- 空想は知識より重要である。知識には限界がある。想像力は世界を包み込む。
- 私には特別な才能などない。ただ、ものすごく好奇心が強いだけ。
- 成功という理想は、そろそろ奉仕という理想に取って替わられてしかるべき時だ。
- 人に対して正しく賢明な助言をすることはできる。しかし、自分が正しく賢明に振る舞うことはむずかしい。
- 自分の環境を受け入れ、楽しく、前向きに。
- 常識とは十八歳までに身につけた偏見のコレクションのことをいう。
- 情報は知識にあらず。
- 兵役を指名された人の 2%が戦争拒否を声明すれば、政府は無力となる。なぜなら、どの国もその 2%を越える人を収容する刑務所のスペースがないからである。
- 何かを学ぶためには、自分で体験する以上にいい方法はない。
- 学べば学ぶほど、自分がどれだけ無知であるか思い知らされる。自分の無知に気づけば気づくほど、より一層学びたくなる。

第5章

フォノンと弾性

フォノンと格子振動

　物質の電気伝導、熱伝導、光の吸収などでは、格子振動が重要な役割を果たす。この原子の**格子振動**を最小限のエネルギー単位として量子化したエネルギー量子を**フォノン**（音響量子）という。これは、周期的に配列した固体原子の格子振動を量子化した概念である。ボース統計に従う準粒子で、低温での固体の性質はフォノン集団の性質、光吸収や電子伝導では光子や電子とフォノンとの相互作用として説明できる。

　フォノン一個が、ある振動数を持つモードの単位をあらわし、振幅が大きくなり振動が激しくなることは、フォノンの数が増えることで表わされる。 フォノンのエネルギーは、格子の熱振動エネルギーである。

$$E = \sum \hbar \omega_k (n + \frac{1}{2}) \tag{5.1}$$

　ここで、ω_k は振動の周波数、n はフォノンの数、和は波数 k についてとる。$n = 0$ のとき $E = \hbar\omega$ となり、**零点エネルギー**と呼ばれ、$T = 0$ K でもエネルギーが存在する。

　物質によっては温度を下げるとフォノンの振幅が小さくなっていき、ある転移温度以下でフォノンによる格子の変位が凍結した状態となることがあり、フォノンのソフト化という。結晶格子のような周期構造中では、フォノンの振動数は制限され離散的になる。また量子力学的効果で、電子の場合同様、フォノンもバンド構造（フォノンバンド）を作る。

　フォトンは電磁波・光を量子化したもの、フォノンは格子振動を量子化したもので、どちらも**ボース粒子**であり、ボース・アインシュタイン統計に従う。

★　固体における基本的諸励起

名称		場
電子	—————➤	—
フォトン	〜〜〜➤	電磁波
フォノン	—–∧∧∧➤	弾性波
プラズモン	——｜｜｜➤	電子の集団的波動
マグノン	—–◯◯◯➤	磁化の波動
ポーラロン	—	電子 ＋ 弾性的変形
励起子	—	分極波

フォノンの性質

　比熱や熱伝導は、フォノン間の相互作用として、金属の電気抵抗や低温での超伝導は、フォノンと電子との相互作用として説明できる。超伝導体はフォノンを媒介とした引力相互作用で、超伝導電子対を形成している。

　1つのフォノンの吸収・放出は、原子間距離と同程度の波長をもつX線（電磁波：フォトン）とフォノンの弾性散乱から、X線散漫散乱として観測される。

　また量子ドットは、電子状態の離散化、状態密度の集中、非線形感受率の増大などの性質が現れ、レーザー、光スイッチ、光メモリなどの光学素子への応用が期待されている。半導体レーザーなどの発光素子では電子とホール（正孔）の束縛状態である励起子が深く関与し、半導体中の励起子は、縦光学モード（LO）フォノンと相互作用する。

フォノンと熱伝導

　熱伝導は、物質の移動を伴わずに高温側から低温側へ熱が伝わることで、フォノン及び伝導電子が担っている。金属では、伝導電子が熱伝導の主な担い手で、一般に伝導電子の方がフォノンより熱伝導しやすいので、金属はよく熱を伝える。一方、ダイヤモンドなど電子が自由に動けない絶縁体では、フォノンによる熱伝導の寄与が非常に大きくなる。

　原子間には力が働いていて、振動は固体の中を伝わっていく音波のような格子波になる。固体中では、様々な振動数の格子波が乱雑に発生し、格子波の量子（フォノンの気体）が生じている。高温になるほど波の強度である振幅（**フォノン密度**）が大きくなり、温度こう配があるとフォノンの密度の小さい低温の方へフォノン気体が流れ、エネルギーが移動する。高温の大きな振幅が低温の場所に伝わり、小さな振幅が大きくなる。絶縁体では、温度が上がるとフォノン間の衝突が激しくなり熱伝導率は減少する。また結晶では、不純物や欠陥が少ないほど熱伝導率が大きくなる。

　金属の場合は、原子数と同じ程度の数の伝導電子があり、電子は金属中を運動して電気を伝える。この伝導電子は気体と同じようにみなすことができ、電子の気体が熱を運ぶ。金属でも絶縁体と同じようにフォノンによる熱伝導もあるが、普通は電子による熱伝導のほうがはるかに大きい。電子の動きが自由であるほど**熱伝導率**も大きくなるため、電気伝導率の大きい金属ほど熱伝導率も大きくなる。フォノンが電子や気体の分子と違うのは、粒子数が変化することである。一般に衝突前後で

フォノン数は保存せず、温度を上げればフォノン数は増え、高いエネルギーを持つフォノンの割合も増える。

　単位面積単位時間当たりの**熱流束**Jは以下のようになる。ここで、C_uは単位体積当たりの比熱、λはフォノンの**平均自由行程**、sは音速（縦波、横波、方向によって異なる）、T_hは高温側の温度、T_lは低温側の温度、Lは距離、κは熱伝導度である。

$$J = \frac{1}{3} C_u \lambda s \frac{(T_h - T_l)}{L} = \kappa \frac{(T_h - T_l)}{L} \tag{5.2}$$

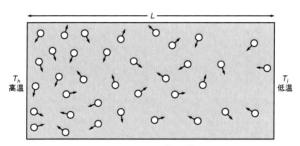

★　**フォノンと熱伝導**

　フォノンの**平均自由行程**は、フォノン同士の衝突による散乱と、結晶の不完全性（欠陥・不純物）による散乱がある。フォノン同士による散乱で、高温でデバイ温度 θ より高い温度の時は T に逆比例し、低温では急激に長くなる。室温での平均自由行程は、数 nm から 10 nm 程度である。

$$\lambda \propto T^{-1} \quad (T > \theta) \tag{5.3}$$

$$\lambda \propto \exp\left(\frac{\theta}{2T}\right) \quad (T \ll \theta) \tag{5.4}$$

デバイ温度よりかなり高い高温では比熱がほぼ一定のため、熱伝導度 κ は温度に逆比例する。低温では、結晶の不完全性による散乱の影響がでてくる。

$$\kappa \propto T^{-1} \quad (T \gg \theta) \tag{5.5}$$

$$\kappa \propto T^3 \quad (T \ll \theta) \tag{5.6}$$

　ダイヤモンドは高いデバイ温度をもつので（2230 K）、フォノン散乱は5.4式のようになり、ある程度きれいな結晶であれば、熱伝導度が非常に大きくなる。ダイヤモンドの熱伝導率は、~20 W cm^{-1} K^{-1} であり、良熱伝導体である銅や銀の5倍くらいもあり、非常によく熱を通す。ガラスはアモルファスで原子配列が乱れているため、熱伝導度があまり温度に依存せず小さく、λも数Å程度である。

光学モードと音響モード

　フォノンの振動数（またはエネルギー）を縦軸、波数を横軸にとった図をフォノンの分散関係という。音波における $v = c/\lambda$ の関係を拡張したものである。これを波数 $k = 2\pi/\lambda$ を使って書くと、次式のようになる。

$$\omega = 2\pi v = ck \tag{5.7}$$

　これは分散関係の図で直線となるが、固体の振動では、λを小さくしていくと、原子の間隔は0.1 nm程度なので、それより狭い領域に波の振動が含まれる波はありえない。分散関係でkを小さくしていった場合、振動数が 0 になるのが**音響モード**（Acoustic mode）で、有限の値をとるのが**光学モード**（Optical mode）である。

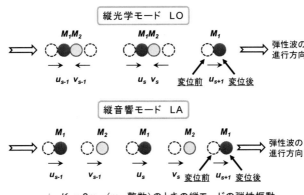

★ $K_a = 2m\pi$（m: 整数）のときの縦モードの弾性振動

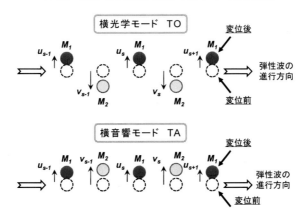

★ $K_a = 2m\pi$（m: 整数）のときの横モードの弾性振動

　結晶の単位胞に原子が1個しかない結晶では、音響モードしかなく、隣り合う原子が同位相で動く。

　光学モードが現れるためには、単位胞に2個以上の原子が含まれる必要があり、隣り合う原子が逆位相で動く。イオン結晶がその例であり、片方が＋、もう片方が−に帯電し、それらが互い違いに振動するモードが光学モードである。＋と−の電荷が互い違いに振動すると電気分極が振動し、光と相互作用する。光学モードをもつ結晶に赤外光を当てると、光学モードの振動数に相当する赤外光が吸収され、光で観測でき光学モードとなる。

　さらに**縦波**（Longitudinal）、**横波**（Transverse）があり、音響モード、光学モードを合わせて、2×2の合計4種類のモードがあり、頭文字をとり、LA、TA、LO、TOと書かれる。例えば横光学モードは、TOである。ダイヤモンドや Si は、LOとなる。

フォノンの状態

　波動関数 ψ によって粒子の存在確率が決まり、**エネルギー固有値** E によって粒子のエネルギーが決まる。この ψ、E の組み合わせで、状態を定義する。波動関数 ψ をシュレーディンガー方程式に代入すれば、エネルギー固有値 E を求められるので、波動関数 ψ が状態を表す。波動関数が異なっていても、エネルギー固有値が等しい複数の状態が存在する場合、**縮退**しているという。

　一つの状態を占有する平均フォノン数$\langle n \rangle$は、**プランクの分布関数**により、次式のようになる。

$$\langle n \rangle = \frac{1}{\exp\left(\frac{\hbar\omega}{k_{\mathrm{B}}T}\right) - 1} \tag{5.8}$$

　格子振動による変位の振幅 u_0 は、フォノン数 n、結晶体積 V、密度 ρ として、次式のようになる。

$$u_0{}^2 = 4\left(n + \frac{1}{2}\right)\frac{\hbar}{\rho V \omega} \tag{5.9}$$

金属中のイオンの振動

　質量 M、電荷 e のイオンが、自由電子気体中で、格子点位置に存在し、濃度 n、密度 ρ、1個のイオンが占める球体積の半径 r_0 とすると、1個のイオンの振動の角振動数 ω は、次式のようになる。

$$\omega = \left(\frac{e^2}{4\pi\varepsilon_0 M r_0^3}\right)^{\frac{1}{2}} \tag{5.10}$$

$$n = \frac{3}{4\pi r_0^3}, \qquad \rho = Mn \tag{5.11}$$

固体の比熱の理論予測

比熱 c [J g^{-1} K^{-1}]は、物質1 gの温度を1 ℃上げるのに必要な熱量で、物質1 gあたりの熱容量 C [J K^{-1}]である。比熱が大きくなれば、温まりにくく、さめにくい。

$$C = mc \tag{5.12}$$

古典モデルとして、原子数 N なら比熱 $C = 3Nk_B$ というデュロン－プティの法則がある。1 mol の原子数であるアボガドロ数N_A と気体定数 R の間には、$R = N_A k_B$ の関係があるから、1 mol の原子の比熱は $3R$ となる。

しかし低温になると、固体の比熱はこの法則からはずれて、$3Nk_B$より低下する。極低温では、絶縁体では T^3 に比例して減少し、金属では $AT+BT^3$ のような曲線に沿って 0 になっていく。

次節の、デバイ・モデルとアインシュタイン・モデルという量子論の調和近似モデルで、古典論では説明不可能であった低温での固体比熱の挙動を説明できる。

デバイ・モデルとアインシュタイン・モデル

デバイ・モデルとは、固体中でのフォノンの比熱への寄与を計算する方法である。デバイ・モデルでは、熱による原子の格子振動を箱の中のフォノンとして扱う。一方のアインシュタイン・モデルでは、固体を相互作用のない量子的な調和振動子の集まりとして取り扱う。

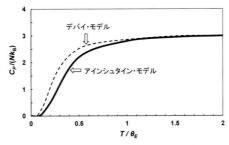

★ アインシュタイン・モデルにおける3次元格子に対するフォノンの比熱

★　デバイ温度と熱伝導率

凡例: θ の低温限界 (K) ／ 300 K における熱伝導率 (W cm⁻¹ K⁻¹)

1	2	3	4	5	6	7	8	9	10	11	12	13	14	15	16	17	18
Li 344 / 0.85	Be 1440 / 2.00											B / 0.27	C 2230 / 22	N	O	F	Ne / 75
Na 158 / 1.41	Mg 400 / 1.56											Al 428 / 2.37	Si 645 / 1.48	P	S	Cl	Ar / 92
K 91 / 1.02	Ca 230	Sc 360. / 0.16	Ti 420 / 0.22	V 380 / 0.31	Cr 630 / 0.94	Mn 410 / 0.08	Fe 470 / 0.80	Co 445 / 1.00	Ni 450 / 0.91	Cu 343 / 4.01	Zn 327 / 1.16	Ga 320 / 0.41	Ge 374 / 0.60	As 282 / 0.50	Se 90 / 0.02	Br	Kr / 72
Rb 56 / 058	Sr 147	Y 280 / 0.17	Zr 291 / 0.23	Nb 275 / 0.54	Mo 450 / 1.38	Tc	Ru 600 / 1.17	Rh 480 / 1.50	Pd 274 / 0.72	Ag 225 / 4.29	Cd 209 / 0.97	In 108 / 0.82	Sn 200 / 0.67	Sb 211 / 0.24	Te 153 / 0.02	I	Xe / 64
Cs 38 / 036	Ba 110	La 142 / 0.14	Hf 252 / 0.23	Ta 240 / 0.58	W 400 / 1.74	Re 430 / 0.48	Os 500 / 0.88	Ir 240 / 1.47	Pt 240 / 0.72	Au 165 / 3.17	Hg 71.9	Tl 78.5 / 0.46	Pb 105 / 0.35	Bi 119 / 0.08	Po	At	Rn
Fr	Ra	Ac															

Ce	Pr	Nd	Pm	Sm	Eu	Gd	Tb	Dy	Ho	Er	Tm	Yb	Lu
0.11	0.12	0.16		0.13		200 / 0.11	0.11	210 / 0.11	0.16	0.14	0.17	120 / 0.35	210 / 0.16
Th 163 / 0.54	Pa	U 207 / 0.28	Np 0.06	Pu 0.07	Am	Cm	Bk	Cf	Es	Fm	Md	No	Lr

　低温ではアインシュタイン・モデルよりもデバイ・モデルが、実際の観察とよい一致を示す。デバイ・モデルは、低温における比熱のT^3に比例する温度依存性によくあてはまる。また、アインシュタイン・モデル同様、高温での比熱のデュロン-プティの法則に従う振る舞いも正しく説明することができる。

　アインシュタイン・モデルでは、格子振動の振動数を全部同じとしている。一方、デバイ・モデルでは、振動数分布があると考え、その中で特定振動数（デバイ振動数ω_D）以下のフォノンだけが、比熱に寄与すると仮定している。**デバイ温度**θ[K]は、次式のようになる。

$$\theta \equiv \frac{\hbar\omega_D}{k_B} = \frac{\hbar v}{k_B}\left(\frac{6\pi^2 N}{L^3}\right)^{\frac{1}{3}} \tag{5.13}$$

　ここでデバイ温度と物質の**硬さ**を直感的にみると、表に示すようにダイヤモンドCのような硬い元素は、格子振動が起こりにくくデバイ温度が高い。Pbのような柔らかい元素は、デバイ温度も低い。

　デバイ・モデルによるフォノンのエネルギーU_pと極低温での定積比熱C_Vは、$x = \frac{\hbar\omega_D}{k_B T} = \frac{\theta}{T}$　として、次式のように T^3 比例則となる。

$$U_p = 9Nk_B T\left(\frac{T}{\theta}\right)^3 \int_0^{\frac{\theta}{T}} \frac{x^3}{e^x - 1}\,dx \tag{5.14}$$

$$C_V = \frac{2\pi^2 k_B^4 L^3}{5\hbar^3 v^3} T^3 \tag{5.15}$$

　アインシュタイン・モデルによるフォノンのエネルギーU_pと定積比熱C_Vは次式のようになる。

$$U_p = 3N\left[\frac{1}{\exp\left(\frac{\hbar\omega_0}{k_B T}\right)-1} + \frac{1}{2}\right]\hbar\omega_0 \tag{5.16}$$

$$C_V = 3N\frac{\hbar^2\omega_0{}^2}{k_B T^2}\frac{\exp\left(\frac{\hbar\omega_0}{k_B T}\right)}{\left[\exp\left(\frac{\hbar\omega_0}{k_B T}\right)-1\right]^2} \tag{5.17}$$

 ## 弾性率

　弾性率 [Pa、N m⁻²]とは、変形のしにくさを表す物性値で、弾性変化での、応力とひずみの間の比例定数の総称で、**弾性係数**とも言い、**硬さ**と相関がある。

　弾性係数には、ひっぱり力もしくは圧縮力に対する変形の場合の**ヤング率** E（縦弾性係数）、せん断力に対する変形の場合の**剛性率** G（**横弾性係数・ずり弾性率・せん断弾性係数**）、静水圧（直角3方向の力）に対する変形の場合の**体積弾性率** K がある。等方的な材料では、これら3つの弾性係数と、**ポアソン比** γ が、弾性的な変形を決める係数で、4つの係数のうち2つが決まれば、他の2つは決まる。結晶の様な非等方物質では、弾性率は2階の**テンソル**量で表すことができる。

 ## 表面弾性波

　表面弾性波は、物体表面に集中して伝播する弾性波である。圧電体上の表面弾性波を用いて、変圧器やフィルタなどが実用化されている。表面弾性波を用いたフィルタは小型で価格が安いため、従来のコイルやコンデンサを用いたフィルタとの置き換えが進んでいる。携帯電話などのフィルタには、表面弾性波フィルタが使われている。

　タッチパネルなどにも応用されている。透明で剛性の高いガラスなどの基板の複数の隅に、**圧電素子**を取り付けて振動波を発生させる。板に触れていると固定点となり、振動波はそこで吸収され一部は跳ね返り、各々の反射時間を計測して指などの接触した場所を検知する。視認性に優れ、構造的にも堅牢で寿命が長く、タンタル酸リチウム（LiTaO₃）などが使われている。

 ## フックの法則

　1次元の変位 x だけが存在するばねでは、ばねにかかる力 f と変位 x との関係は、ばね定数を k として次式のようになり**フックの法則**という。

$$f = -kx \tag{5.18}$$

　固体のように、3次元の変位がある場合、フックの法則は、応力とひずみの関係として、行列を用いて表せる。

　立方晶の場合、結晶の対称性から、応力成分 X_x、Y_y、Z_z、Y_z、Z_x、X_y（大文字が応力の方向、添字の小文字が応力のかかる面の法線方向を示す）と、ひずみ成分 e_{xx}、e_{yy}、e_{zz}、e_{yz}、e_{zx}、e_{xy} の関係は、**弾性スティフネス定数** C_{ij} を用いて、次式のようになる。

$$\begin{bmatrix} X_x \\ Y_y \\ Z_z \\ Y_z \\ Z_x \\ X_y \end{bmatrix} = \begin{bmatrix} C_{11} & C_{12} & C_{12} & 0 & 0 & 0 \\ C_{12} & C_{11} & C_{12} & 0 & 0 & 0 \\ C_{12} & C_{12} & C_{11} & 0 & 0 & 0 \\ 0 & 0 & 0 & C_{44} & 0 & 0 \\ 0 & 0 & 0 & 0 & C_{44} & 0 \\ 0 & 0 & 0 & 0 & 0 & C_{44} \end{bmatrix} \begin{bmatrix} e_{xx} \\ e_{yy} \\ e_{zz} \\ e_{yz} \\ e_{zx} \\ e_{xy} \end{bmatrix} \tag{5.19}$$

また、**弾性エネルギー密度** U は、次式のようになる。

$$U = \frac{1}{2} C_{11}\left(e_{xx}{}^2 + e_{yy}{}^2 + e_{zz}{}^2\right) + \frac{1}{2} C_{44}\left(e_{yz}{}^2 + e_{zx}{}^2 + e_{xy}{}^2\right)$$
$$+ C_{12}\left(e_{yy}e_{zz} + e_{zz}e_{xx} + e_{xx}e_{yy}\right) \tag{5.20}$$

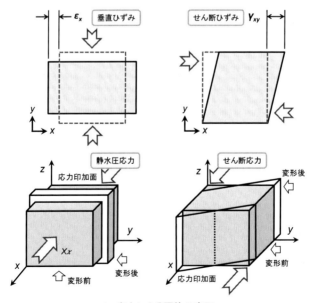

★　応力による固体の変形

立方結晶が、[100] 方向に応力 $X_x = \sigma$ を受けているときの、応力とひずみとの関係は、次式のようになる。

$$\sigma = \frac{(C_{11}+2C_{12})(C_{11}-C_{12})}{C_{11}+C_{12}} e_{xx} \tag{5.21}$$

$$e_{yy} = e_{zz} = -\frac{C_{12}}{C_{11}+C_{12}} e_{xx} \tag{5.22}$$

★ 立方晶の 293 K における弾性定数

物質	S_{11}	S_{44}	S_{12}	C_{11}	C_{44}	C_{12}	$\dfrac{2C_{44}}{C_{11}-C_{12}}$
K	1225	530	−560	0.37	0.19	0.31	6.3
Na	590	240	−270	0.74	0.42	0.62	7.0
Ta	6.86	12.1	−2.58	26.7	8.25	16.1	1.56
Cr	3.05	9.9	−0.495	35.0	10.0	6.78	0.71
Mo	2.8	9.1	−0.78	45.5	11.0	17.6	0.79
W	2.53	6.55	−0.726	50.1	15.1	20.5	1.0
Fe	7.7	8.9	−2.8	23.7	11.6	14.1	2.4
Ir	2.28	3.91	−0.67	58.0	25.6	24.2	1.5
Ni	7.7	9.0	−3.0	24.4	11.2	15.4	2.5
Pd	13.6	13.9	−5.95	22.7	7.17	17.6	2.8
Pt	73.4	131	30.8	3.46	0.76	2.5	1.44
Cu	15.0	13.3	−6.3	16.8	7.54	12.1	3.2
Ag	22.9	21.7	−9.8	12.4	4.6	9.35	3.0
Au	23.3	23.8	−10.7	18.6	4.2	16.3	3.7
Al	15.7	35.9	−5.8	11.2	2.8	6.6	1.2
C	1.48	1.74	−0.517	107.6	57.6	12.5	1.21
Si	7.68	12.56	2.14	16.57	7.96	6.39	1.56
Ge	9.75	14.9	−2.66	12.9	6.71	4.83	1.66
GaAs	12.6	18.6	−4.23	11.9	5.4	6.0	1.83
LiF	11.35	15.9	−3.1	11.1	6.3	4.2	1.82
NaCl	22.9	79.4	−4.65	4.87	1.26	1.24	0.69

★ 300 K における立方結晶の断熱弾性スティフネス定数

結晶	スティフネス定数 [×10^{12} dyn cm^{-2}]		
	C_{11}	C_{12}	C_{44}
ダイヤモンド	10.76	1.25	5.76
Na	0.073	0.062	0.042
Li	0.135	0.114	0.088
Ge	1.285	0.483	0.680
Si	1.66	0.639	0.796
GaSb	0.885	0.404	0.433
InSb	0.672	0.367	0.302
MgO	2.86	0.87	1.48
NaCl	0.487	0.124	0.126

立方晶の弾性定数を表に示す。**弾性係数** C_{ij} は、10^{10} N m^{-2} の単位、**弾性定数** S_{ij} は、10^{-12} m^2 N^{-1} の単位で、下つきの数字は立方軸に関する数字である。等方弾性の条件は、$2C_{44}/(C_{11}-C_{12}) = 1$ を満たす場合であるが、多くの金属は非等方性である。

 ## 立方結晶の弾性波

立方結晶における [100] 方向に伝搬する**弾性波**について、縦波と横波の位相速度を考える。弾性波の振動方向（結晶中の原子の変位成分）と[100]進行方向が同一の波である、縦波の位相速度 $v_{clp} = \omega/K$ は、次のようになる。

$$v_{clp} = \sqrt{\frac{C_{11}}{\rho}} \tag{5.23}$$

弾性波の振動方向と[100]進行方向が垂直な波である、横波の位相速度 $v_{ctp} = \omega/K$ は、次式のようになる。

$$v_{ctp} = \sqrt{\frac{C_{44}}{\rho}} \tag{5.24}$$

 ## ヤング率

ヤング率（縦弾性係数）は、弾性変形の範囲で単位ひずみあたり必要な応力を決める定数で、単位は応力と同じPaである。フックの法則より、次式のようになる。

$$E = \frac{\sigma}{\varepsilon} \tag{5.25}$$

一方向の引張りまたは圧縮応力 σ に対するひずみ量 ε の関係から求める。ヤング率は、縦軸に応力、横軸にひずみをとった応力ひずみ曲線の直線部の傾きである。例として、ヤング率 ~100 GPa の銅では、断面積 1 mm^2、長さ1 mのワイヤに10 kgのオモリをぶら下げると、0.1 % のひずみが生じ、約1 mm 伸びる。

ヤング率は、結晶の原子間距離の変化に対する抵抗というイメージで、原子間の凝集力が弾性的性質に関わっている。よって融点と弾性係数の間には、ある程度の相関がある。応力が**弾性変形**の比例限度を超えると、結晶が不可逆的に変化し**塑性変形**して、応力とひずみの関係は比例ではなくなり、応力を取り除いても元の大きさに戻らなくなり、この時の力を**降伏応力**という。

　金属のヤング率は数10－数100 GPaである。この値は、100 %のひずみを生じる応力の値であるが、実際の材料は、1 %も伸びないものが多いので、ヤング率は、引張強さの数100倍の大きさである。

　弾性的性質は温度によって変化し、近似式は次のようになる。

$$E = E_0 - BTe^{(-\frac{T_C}{T})}\frac{\sigma}{\varepsilon} \tag{5.26}$$

　ここで E_0 は0 Kでのヤング率、B、T_C は、材料によって異なる定数である。一例として、1000 °Cにおける鋼のヤング率は、2/3ぐらいに減少する。

★　主な物質のヤング率

物質	ヤング率 E (GPa)	物質	ヤング率 E (GPa)
ゴム (小ひずみ)	0.01-0.1	銅 (Cu)	110-130
ポリプロピレン	1.5-2	炭素繊維強化プラスチック	125-150
ナイロン	3-7	錬鉄と鋼	190-210
松木材 (along grain)	8.963	ベリリウム (Be)	287
オーク 木材 (along grain)	11	タングステン (W)	400-410
強化コンクリート (圧縮時)	30-100	炭化珪素 (SiC)	450
マグネシウム (Mg)	45	オスミウム (Os)	550
アルミ合金	69	炭化タングステン (WC)	450-650
ガラス	65-90	カーボンナノチューブ (CNT)	1000
チタン (Ti)	105-120	ダイヤモンド (C)	1050-1200

演習問題

1.　(1) Pd原子が2個存在し、一つの状態を占有するフォノン数が1個と仮定して、そのときの温度を求めよ。振動の角周波数 $\omega = 3.0×10^{13}$ s^{-1} とする。(2) またそのときのフォノンのエネルギーを求めよ。[330 K, $1.6×10^{-21}$ J]

2.　格子定数 $a = 0.389$ nm の fcc構造をもつPd固体中で、重水素イオンがボース・アインシュタイン凝縮し、核融合が起こることが報告されている。Pdの密度12.02 g cm^{-3}、Pdの原子量106.4、1個のイオンが占める球体積の半径 $r_0 = 1.6×10^{-8}$ cmのとき、(1) イオン濃度 n、(2) 質量 M、(3) 振動の角周波数 ω、を求めよ。[F] = [C V^{-1}] = [A^2 s^2 J^{-1}]である。[$5.83×10^{22}$ cm^{-3}, $2.1×10^{-22}$ g, $1.6×10^{13}$ rad s^{-1}]

3. ダイヤモンドはワイドギャップ半導体として、パワーデバイスや太陽電池、表面弾性波フィルターとしての応用も期待される。ダイヤモンド [100]方向に伝搬する弾性波について、縦波と横波の位相速度を求めよ。ダイヤモンドの弾性スティッフネス定数は、$C_{11} = 10.76$、$C_{12} = 1.25$、$C_{44} = 5.76$ [10^{12} dyn cm^{-2}]、$\rho = 3.51$ g cm^{-3}とする。g·cm s^{-2} = dyn、1 dyn = 10^{-5} N。[$1.75×10^4$ m s^{-1}, $1.28×10^4$ m s^{-1}]

4. 太陽電池やコンピューターのULSIに使用されているシリコンウェハー単結晶は、(100)を表面として使用している。このシリコン結晶が、$e_{xx} = -e_{yy} = e/2$ のひずみ成分($e = 10^{-5}$)をもち、他のひずみ成分がすべて0の場合を考える。このときの弾性エネルギー密度Uを求めよ。シリコンの弾性スティッフネス定数は、$C_{11} = 1.66$、$C_{12} = 0.639$、$C_{44} = 0.796$ [10^{12} dyn cm^{-2}]、$\rho = 2.33$ g cm^{-3}とする。1 J = 1 N m である。[2.55 J m^{-3}]

コラム　　　ダイヤモンドの見分け方

　ダイヤモンドには、昔から様々な模造品が作られてきた。最近作られている主な模造ダイヤモンドに、キュービックジルコニア(ZrO_2)がある。硬さも固く、光の屈折率もダイヤモンドに近いので、見分け方が難しく、見た目だけでは全く違いが判らないほど本物とよく似ている。本物と偽物をどうやって見分ければいいのだろうか?

　ダイヤモンドは熱伝導性が非常に高い。これは原子の熱振動がフォノンとなって結晶中を伝わりやすいことによる。ダイヤモンドに触ると冷たく感じるのはこのためである。ガラスなどは熱伝導度が小さいので触ると暖かい。慣れた人は、舌などで熱伝導の差を感じ取り、ガラスと本物の宝石を見分けるそうである。

　ダイヤモンドテスターと呼ばれる装置は、この性質を利用して開発され、ダイヤモンドと模造品を識別できる道具である。ただ合成モアッサナイト(SiC)は識別できないので、電気度伝導率を測定するとSiCの方が電気を通すので、識別できる。

　ダイヤモンドは天然だけでなく、高温高圧法もしくは化学気相析出(CVD)法により、人工的に合成できるようになった。CVDダイヤモンド薄板を手で持って氷を切ると、切れ味良く簡単に切れるというくらい、ダイヤモンドは熱伝導性に優れている。

コラム　　　ダイヤモンドは割れやすい?

　ダイヤモンドは、最も硬い物質であるが、割れや欠けに対する抵抗力である靱性はそれほど高くなく、ガラスと同じ程度である。意外と割れやすく、カッターナイフを当て軽く手でたたくだけで割れてしまう。ダイヤモンドでは、最小の表面エネルギーを有する(111)面がへき開面となり、割れたときに八面体構造が現れやすい。高価な宝石は取り扱いに注意が必要である。

第6章

エネルギーバンド

パウリの排他原理

　結晶中では、原子間距離が数Åと近いため、原子の電子分布が、隣の原子の電子分布と重なる。電子はフェルミ粒子であり、2個の電子が同じ状態を占有できず、この原理を**パウリの排他原理**という。

　2個以上のフェルミ粒子が、全く同一の量子状態を持つことはできないためで、量子状態を決める4つの量子数（**主量子数、方位量子数、磁気量子数、スピン量子数**）の全部が同じになることはない。

　スピンの方向が違う粒子の場合は、異なる量子状態に属する。たとえば、スピンが1/2の電子は、スピンの方向としてある方向（↑）と逆方向（↓）をとり得る。よって一つの軌道には、上向きと下向きをペアにすることで、最大2つの電子まで入ることができる。パウリの排他原理は、すべてのフェルミ粒子に対してあてはまるが、ボース粒子にはあてはまらない。

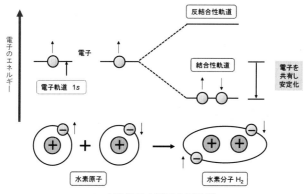

★　水素分子の電子分子軌道

エネルギーバンドとバンドギャップ

　原子が近づいていき、さらに多数の原子が集まると、電子が占有可能な状態をつくるため、電子の**エネルギー準位**は分裂し、新たなエネルギー準位が形成される。このエネルギー準位の間隔は10^{-18} eV 程度と非常に小さいため、ほぼ連続とみなせる。このような連続したエネルギー準位の一群を**エネルギーバンド**という。電子がつまっているエネルギーバンドを充満帯という。共有結合結晶では、充満帯を占める電子は結合に寄与しており、**価電子**と呼ばれ、充満帯のことを**価電子帯**（valence band）という。

　充満帯よりも電子エネルギーが高く、電気伝導に寄与するエネルギーバンドを**伝導帯**（conduction band）という。ここで、伝導帯を占める電子が電気伝導に関わるには、伝導帯に空きがあることが必要である。

　結晶の周期性により、電子が占めることのできないエネルギー領域が、エネルギーバンド間に形成される。この領域を**禁制帯**、**エネルギーギャップ**または**バンドギャップ**という。エネルギーギャップ E_g の大きさは、電子ボルト（eV）程度である。Si原子同士を近づけたときの3s、3p準位の変化を図に示す。

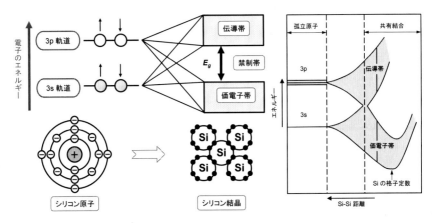

　★　シリコン結晶の電子軌道とSi原子同士を近づけたときの3s、3p 準位の変化

バンド構造

　バンド構造は、上図に示した、①孤立原子凝集・結合に伴う分子軌道の形成から考える方法（Heitler-London近似）と、②結晶の周期ポテンシャルに基づく自由電子の波数とエネルギーから考える方法Hartree-Fock近似）がある。②の**バンド構造**は、ポテンシャルの周期的構造によって生じ、エネルギーバンド中への電子の入り方で、その固体の電気伝導性や光学的特性などが決まる。バンド構造は通常、縦軸が電子エネルギー、横軸が逆格子点周りの逆格子点の垂直二等分面によって作られる最小領域である**第一ブリルアンゾーン**の適当に選んだいくつかの直線上の k 点となっている。バンド構造の例を図に示す。E_g がバンドギャップでその下が価電子帯、上が伝導帯である。バンド構造を見ることで、バンドギャップが離れているかどうか（金属か絶縁体か）、バンドの分散が強いか弱いかによる電子状態の束縛の違い、バンド構造の比較による系の安定性評価が可能である。このような波数 k と、対応するエネルギー固有値 E との関係を**分散関係**という。

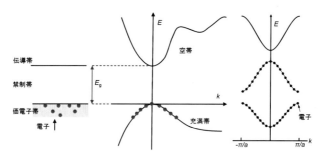

★　直接遷移型半導体と絶縁体のバンド構造

エネルギーバンドと電気伝導

　次図に絶縁体、半導体、半金属、金属のエネルギーバンドを示す。この図において、長方形がエネルギーバンドを表し、電子が占めている領域を灰色で示す。電子は下からつまっていき、電子のエネルギーは、下の方が低く安定である。

　左側図のように、伝導帯が完全に空の場合もしくは伝導帯に電子が充満している場合、電子は動くことができず、この固体は**絶縁体**になる。図中左のように、伝導帯がわずかに電子で占有されているか、またはわずかに空の部分をもっていれば、**半導体**となる。このとき電気伝導に寄与する伝導電子の濃度は、原子濃度の1%以下程度である。図中右では、わずかに電子で占有されている伝導帯とわずかに空の部分がある伝導帯が重なり、その部分にフェルミエネルギーが位置する**半金属**である。半金属はキャリアが少なく、電気伝導の温度依存性は金属同様で、C、As、Sb、Bi、Sn、B、Teなどがある。右図では、伝導帯が10%〜90%程度、電子で占有されていて**金属**となる。

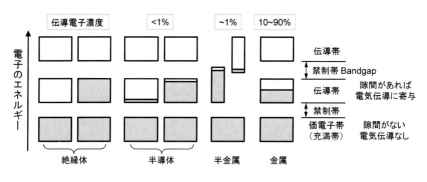

★　エネルギーバンドと電気伝導

フェルミ準位

フェルミエネルギー E_F とは、0 K でフェルミ粒子によって占められた準位のうちで最高の準位のエネルギーである。一方、**フェルミ準位**は、電子が存在できる確率が1/2のエネルギー準位で、電気伝導が生じるためには、伝導帯を占有する電子が存在し、しかも電子が伝導帯に充満していないことが必要である。0 K では、フェルミ準位 = フェルミエネルギーである。

結晶中の電子のエネルギーはバンド構造を形成する。金属の場合、電子をバンドの底からつめていき、その数が系の全電子数になった電子のエネルギーがフェルミエネルギーである。半導体、絶縁体の場合は、フェルミ準位が伝導帯と価電子帯の間の禁制帯の中にある。

自由電子系でのフェルミエネルギーは、フェルミ半径を k_F として、次のようになる。半導体結晶中での伝導電子のエネルギーは、有効質量の値を用いる。

$$E_{\mathrm{F}} = \frac{h^2 k_{\mathrm{F}}^2}{8\pi^2 m_0} \tag{6.1}$$

結晶のフェルミエネルギーを運動量空間で描いた図はフェルミ球の表面で、**フェルミ面**と呼ばれる。フェルミ面の中は、電子の取り得る運動量を示し、電子がつまっていると考える。電場をかければ、フェルミ面の中心がずれ、電流が生じる。フェルミ面は、金属のみに存在し、バンドギャップ中にフェルミエネルギーが存在する半導体や絶縁体にはフェルミ面は存在しない。三次元空間における自由電子のフェルミ面は球形である。フェルミ面の形はフェルミエネルギー近傍のバンド構造に依存し、遷移金属などでは非常に複雑なフェルミ面になることがある。

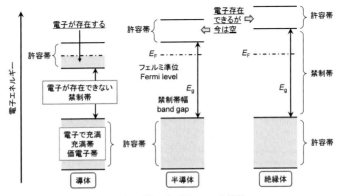

★ エネルギーバンドとフェルミ準位

フェルミエネルギー

体積 $4\pi k_F{}^3/3$ の**フェルミ球**内にある軌道状態の数は、次式のようになる。

$$N = 2 \cdot \frac{4\pi k_F{}^3/3}{(2\pi/L)^3} = \frac{V}{3\pi^2} k_F{}^3 \tag{6.2}$$

数因子2は、k の各値に対して二つのスピン量子数が許されるスピンの自由度である。**フェルミ球半径** k_F は、次式のように粒子の密度に依存する。

$$k_F = \left(\frac{3\pi^2 N}{V}\right)^{\frac{1}{3}} \tag{6.3}$$

フェルミエネルギー E_F と電子密度 N/V が次式のように結びつく。

$$E_F = \frac{\hbar^2 k_F{}^2}{8\pi^2 m} = \frac{\hbar^2}{2m}\left(\frac{3\pi^2 N}{V}\right)^{\frac{2}{3}} \tag{6.4}$$

★　金属の自由電子フェルミ面のパラメーターの室温における計算値

価数	金属	電子密度 ×10²² cm⁻³	半径パラメータ r_n	フェルミ波動ベクトル ×10⁸ cm⁻¹	フェルミ速度 ×10⁸ cm s⁻¹	フェルミエネルギー eV	フェルミ温度 $T_F \equiv E_F/k_B$ ×10⁴ K
1	Li	4.7	3.25	1.11	1.29	4.72	5.48
	Na	2.65	3.93	0.92	1.07	3.23	3.75
	K	1.40	4.86	0.75	0.86	2.12	2.46
	Rb	1.15	5.20	0.70	0.81	1.85	2.15
	Cs	0.91	5.63	0.64	0.75	1.58	1.83
	Cu	8.45	2.67	1.36	1.57	7.00	8.12
	Ag	5.85	3.02	1.20	1.39	5.48	6.36
	Au	5.90	3.01	1.20	1.39	5.51	6.39
2	Be	24.2	1.88	1.93	2.23	14.14	16.41
	Mg	8.60	2.65	1.37	1.58	7.13	8.27
	Ca	4.60	3.27	1.11	1.28	4.68	5.43
	Sr	3.56	3.56	1.02	1.18	3.95	4.58
	Ba	3.20	3.69	0.98	1.13	3.65	4.24
	Zn	13.10	2.31	1.57	1.82	9.39	10.90
	Cd	9.28	2.59	1.40	1.62	7.46	8.66
3	Al	18.06	2.07	1.75	2.02	11.63	13.49
	Ga	15.30	2.19	1.65	1.91	10.35	12.01
	In	11.49	2.41	1.50	1.74	8.60	9.98
4	Pb	13.20	2.30	1.57	1.82	9.37	10.87
	Sn	14.48	2.23	1.62	1.88	10.03	11.64

また、フェルミ面における電子の速度v_Fは次式のようになる。

$$v_F = \left(\frac{\hbar k_F}{m}\right) = \left(\frac{\hbar}{m}\right)\left(\frac{3\pi^2 N}{V}\right)^{\frac{1}{3}} \tag{6.5}$$

　様々な金属に対するk_F、v_F、E_Fの計算値を表に示す。フェルミエネルギーE_Fを、K単位で表したものを**フェルミ温度** T_F といい、E_F/k_Bで定義される。E_F は位置エネルギーで運動エネルギーではないので、T_Fは電子気体の温度ではない。

　半径パラメーターr_nは、次元のない量で、次式で定義される。

$$r_n = \frac{r_0}{a_B} \tag{6.6}$$

r_0は電子1個を含む球の半径で、a_Bは**ボーア半径**で、原子や電子を扱う微細なスケールに使用される長さの単位で次式のようになる。

$$a_B = \frac{4\pi\varepsilon^2}{me^2} = 0.529 \times 10^{-10} \text{ m} \tag{6.7}$$

フェルミ－ディラック分布関数

　フェルミ－ディラック分布関数 $f(E)$は、相互作用のない**フェルミ粒子**の占有数の分布を表せる。自由電子気体の$f(E)$は、次式のようになる。

$$f(E) = \frac{1}{\exp\left(\frac{E-E_F}{k_B T}\right)+1} \tag{6.8}$$

温度が上がると熱励起によって、電子分布が作られる。ここでfは電子の存在確率で、Eは物質中の電子の位置エネルギーを示すエネルギー準位である。式中の E_Fは**フェルミ準位**であり、電子の存在確率が 50 %のエネルギー準位である．温度が低くなると、パウリの排他原理より、フェルミ粒子はエネルギーが低い状態になるが、高いエネルギーを持った粒子も存在する。

　$T = 0$ K で、**フェルミエネルギー**以上には、フェルミ粒子は存在しない。T が有限のとき、フェルミエネルギー以上にフェルミ粒子が存在する。これより、$T = 0$ K のとき次式のようになる。

$$f(E) = \begin{cases} 1 \ (E \leq E_F) \\ 0 \ (E > E_F) \end{cases} \tag{6.9}$$

　フェルミ準位は、**化学ポテンシャル** μ とも呼ばれ、$T = 0$ K での自由電子の上限はフェルミ準位となり、フェルミエネルギーという。

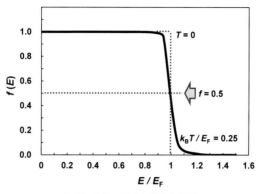

★　フェルミーディラック分布関数

状態密度

単位エネルギー領域あたりの軌道状態の数 $D(E)$ は、**状態密度**（density of states：DOS）とよばれる。E 以下のエネルギーの軌道の総数は

$$N = \frac{V}{3\pi^2}\left(\frac{2mE}{\hbar^2}\right)^{\frac{3}{2}} \tag{6.10}$$

これより、状態密度 D は、次式のようになる。

$$D(E) \equiv \frac{dN}{dE} = \frac{V}{2\pi^2}\left(\frac{2m}{\hbar^2}\right)^{\frac{3}{2}} E^{\frac{1}{2}} \tag{6.11}$$

上二式を比較して、より簡単にすると次式のようになる。

$$D(E) \equiv \frac{dN}{dE} = \frac{3N}{2E} \tag{6.12}$$

$D(E)$ は1粒子状態の軌道の密度である。フェルミエネルギーにおける単位エネルギー領域あたりの軌道の数は、伝導電子の数をフェルミエネルギーで割ったものにほぼ等しいとみなせる。上式では電子のスピンの**自由度**を考慮して2倍してある。

状態密度は、さらに次式のように、3次元構造の単位体積当たり、単位エネルギー幅当たりの量子状態数で表す場合もある。

$$D_3(E) = \frac{V}{2\pi^2}\left(\frac{2m}{\hbar^2}\right)^{\frac{3}{2}} E^{\frac{1}{2}} = \frac{1}{2\pi^2}\left(\frac{2m}{\hbar^2}\right)^{\frac{3}{2}} E^{\frac{1}{2}} = \frac{1}{2\pi^2\hbar^3}(2m)^{\frac{3}{2}} E^{\frac{1}{2}} = \frac{\sqrt{2E}\,m^{\frac{3}{2}}}{\pi^2\hbar^3} \tag{6.13}$$

　状態密度 $D_3(E)$ にフェルミーディラク分布関数 $f(E)$ をかければ**キャリア密度**になるので、単位体積当たりの電子数である電子濃度 n は次式のようになる。

$$n\ [m^{-3}] = \int_0^\infty f(E)D_3(E)dE \tag{6.14}$$

　状態密度は、**量子井戸構造**のような二次元の場合は、以下のように E に依存せず、

$$D_2(E) = \frac{m}{\pi\hbar^2} \tag{6.15}$$

となり、**量子細線**のような一次元構造の場合は、以下のようになる。

$$D_1(E) = \frac{1}{2\pi\hbar}\left(\frac{2m}{E}\right)^{\frac{1}{2}} = \frac{\sqrt{2m}}{2\pi\hbar\sqrt{E}} \tag{6.16}$$

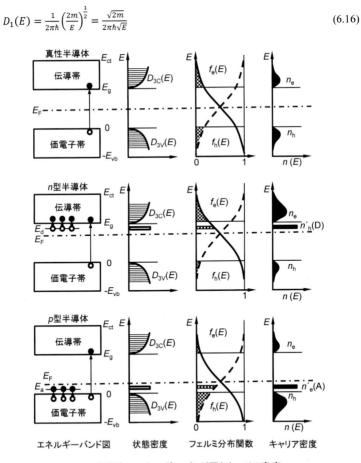

★ **半導体のエネルギーバンド図とキャリア密度**

伝導帯中の**電子密度** n_e は、上図に示すように、伝導帯中の状態密度 D_{3C} と電子の占有確率 $f_e(E)$ の積を、伝導帯の下端から上端まで積分すれば求まる。積分は、上端を近似的に∞としてもよい。**ホール密度** n_h も同様である。

$$n_e = \int_{E_g}^{E_{Ct}} f_e(E) D_{3C}(E) dE \tag{6.17}$$

$$n_h = \int_{E_{Vb}}^{0} f_h(E) D_{3V}(E) dE \tag{6.18}$$

自由電子気体の運動エネルギー

N 個の自由電子からなる、3次元自由電子気体での、$T = 0$ K では、フェルミ－ディラック分布関数 $f(E)$ は、フェルミエネルギーを E_F として、次式のようになる。

$$f(E) = \begin{cases} 1 & (E \leq E_F) \\ 0 & (E > E_F) \end{cases} \tag{6.19}$$

である。自由電子の個数 N_e 、3次元自由電子気体の状態密度 $D_e(E)$ は、次式のようになる。

$$N_e = \frac{L^3}{3\pi^2}\left(\frac{2mE_F}{\hbar^2}\right)^{\frac{3}{2}} \tag{6.20}$$

$$D_e(E) = \frac{3N_e}{2E_F} \tag{6.21}$$

$T = 0$ K での運動エネルギー U_0 は次式のようになる。

$$U_0 = \frac{3}{5}N_e E_F \tag{6.22}$$

エネルギーギャップと光の波長

半導体に、光をあてて電気に変換する太陽電池や、電気から光に変換する発光ダイオードなどでは、このエネルギーギャップ（バンドギャップ）が重要となる。このときの光の波長 λ とバンドギャップ E_g の間には、次の関係がある。

$$E_g = \frac{hc}{\lambda} \tag{6.23}$$

周期的井戸型ポテンシャル

　結晶のバンド構造は、電子が結晶中の周期的ポテンシャルで摂動を受けると考える、ほとんど自由な電子モデルで定性的に説明できる。このモデルでは、$k = \pm\pi/a$ においてエネルギーギャップが生じる。

　結晶内の電子を記述するモデルの1つにクローニッヒ・ペニーのモデルがある。**周期的井戸型ポテンシャル**の一次元モデルで、一個の電子を閉じこめた時の固有状態・エネルギー固有値を求めるものである。

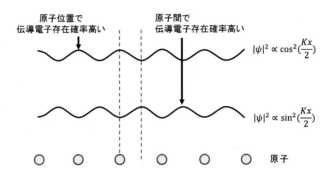

原子位置で
伝導電子存在確率高い

原子間で
伝導電子存在確率高い

$|\psi|^2 \propto \cos^2\left(\dfrac{Kx}{2}\right)$

$|\psi|^2 \propto \sin^2\left(\dfrac{Kx}{2}\right)$

原子

★　ほとんど自由な電子モデルに対する伝導電子の存在確率 $|\psi|^2$

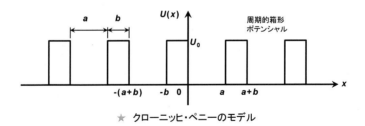

★　クローニッヒ・ペニーのモデル

 ## 波数と*E-k* 曲線

　固体中の電子のエネルギー状態は、位置rを用いた実空間ではなく、波数ベクトルkを用いたk空間で表される。電子波の向きが波面の法線方向（波の伝播方向）で、大きさが波数となるベクトルを、量子論における波数ベクトルと定義する。**波数 k** は、逆格子空間での基本並進ベクトルで表わされ、次式のようになる。

$$k = \frac{2\pi}{\lambda} \tag{6.24}$$

アインシュタインが光電効果を説明するため述べた、光のエネルギーと周波数の関係を、角周波数 $\omega = 2\pi\nu$ で書き直すと次のようになる。

$$E = h\nu = \hbar\omega \tag{6.25}$$

一方ド・ブロイによれば、電子の波長 λ と電子の持つ**運動量** p の関係は、波数ベクトル k で次式のようになる。

$$p = \frac{h}{\lambda} = \frac{h}{2\pi} k = \hbar k \tag{6.26}$$

以上をまとめて、**アインシュタインード・ブロイの関係**と呼ぶ。左辺が粒子性、右辺が波動性の項となっていて、波と粒子の二重性を表現する法則である。粒子である電子は波動関数で表されるが、波数 k を定義することで、エネルギーを k で表記することができ、逆空間で考えているため、フーリエ変換と関係している。

上式からわかるように $\hbar$ は定数なので**波数 k を運動量**とみなすこともある。k は周期系の物理量を表すのに使用され、バンド構造を E-k 曲線で表し、この時の結晶の周期ポテンシャル中の伝導電子のエネルギー E を次式のように k の関数で表す。

$$E = \frac{\hbar^2 k^2}{2m^*} \tag{6.27}$$

バンド構造を E-k 曲線で表すと、伝導帯の底と価電子帯の頂上の位置が明確になり、直接遷移型半導体と間接遷移型半導体の違いが見分けやすく、電子の有効質量も理解しやすい。横軸は第一ブリルアン・ゾーン内の波数 k で、Γ、Δ、X など結晶の逆格子ベクトルによる対称点や対称軸の座標を表す記号で示される。

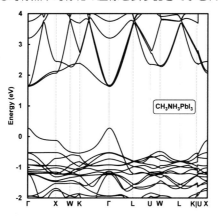

★　$CH_3NH_3PbI_3$ ペロブスカイト結晶のバンド構造

上記は量子論や物性分野で用いられる波数である。一方、分光学や物理化学における波数は$\tilde{v}$で表され、単位の長さに含まれる波の数で、波長λの逆数$1/\lambda$ [cm^{-1}]で表され、**カイザー**と呼ぶことが多い。

有効質量と重い電子系

真空中の自由電子の静止質量 m_0 に対し、結晶中の電子が、m_0 と異なる質量 m^*を持っているように観測される場合があり、これを**有効質量**という。有効質量は、伝導電子が受ける結晶の周期性の効果（**周期ポテンシャル**）を有効質量という疑似的な質量に繰り込むことで、半導体中の伝導電子のふるまいを自由粒子のように扱える重要な概念である。前式で示した電子の運動エネルギーの式から次式が得られ、これは波数 k に依存する有効質量 m^*の定義となる。

$$\frac{1}{m^*} = \frac{1}{\hbar^2}\frac{d^2E(k)}{dk^2} \qquad m^* = \left\{\frac{1}{\hbar^2}\frac{d^2E(k)}{dk^2}\right\}^{-1} \tag{6.28}$$

上図で示したように3次元でバンド構造に異方性がある場合には、有効質量も異方性をもつ。また m^*は、E-k の分散図から、E を k で2階微分することで得られる。ホールの場合、m^*が負の値をもつので、符号を反転させる。

半導体や絶縁体では、有効質量 m^* が自由電子の質量 m_0 と大きく異なる場合がある。ランタノイドやアクチノイド元素の化合物などでは、有効質量比 (m^*/m_0) が 1000 程度になるものもあり、**重い電子系**と呼ばれる。アルカリ金属の価電子部分のように、ほぼ自由電子とみなせるような場合は、有効質量の比も 1 に近い値になる。逆に絶縁体では、電場をかけても電子がほとんど動かず、有効質量は無限大に近くなる。

n 型半導体では、添加元素は多数の電子を含むため、結晶構造に寄与しない電子が自由電子のように結晶内を移動できる。しかし添加原子はわずかにプラスの電荷を示すため、電子は弱く束縛され電場への反応が鈍り、電子が重くなったようにみえる。m^*はホール効果を用いたサイクロトロン共鳴で観測できる。

重い電子系では、電子は周りの電子や磁場により動きにくくなり、有効質量が重くなる。ランタノイドやアクチノイドの持つ局在性の高い f 電子間の強い斥力などでみられる。有効質量が大きいということは、電子の局在性が強いことを示し、電子の持つスピンの自由度が現れ、反強磁性秩序や強磁性秩序を示すようになる。また、電子間斥力が非常に強いにもかかわらず、クーパー対が形成され超伝導を示す物質もあり、クーパー対の形成機構の解明に興味が持たれる。重い電子系は、高温超伝導体に必要な特殊な磁場を作ることでも知られている。

演習問題

1. C_{60} 系太陽電池は、次世代太陽電池の一候補として期待されている。右図は C_{60} 系太陽電池のエネルギーレベル図である。C_{60} のエネルギーギャップを求めよ。[1.7 eV]

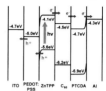

2. 太陽光スペクトルは、可視光のおよそ 500 nm において、エネルギー強度が最も強い。この最も強い光の波長を吸収する半導体のバンドギャップを単位 eV で求めよ。$1 eV = 1.602×10^{-19} J$。[2.48 eV]

3. GaN 半導体のエネルギーギャップは、3.40 eV である。GaN のバンド間遷移発光による光の波長を求めよ。単位は nm で答えよ。[365 nm]

4. Auの量子ドットは、単一電子デバイスや太陽電池の効率上昇への応用が期待される。あるAu量子ドット中に自由電子500個が存在するときの、0 Kでの自由電子気体の状態密度と運動エネルギーを求めよ。Auのフェルミエネルギーを5.51 eVとする。[136 eV^{-1}, 1650 eV]

5. 半導体デバイスでは、フェルミレベルの位置により電子やホールの移動が決まってくる。500 Kにおいて、フェルミレベルより0.10 eV低いエネルギーの電子状態を、電子が占める割合を求めよ。[0.91]

6. 量子ドットや量子井戸を利用した高効率太陽電池が期待されている。量子ドットを一次元単一ポテンシャル井戸で考えてみる。量子ドットのサイズ a が 3.0 nm で、$|U_0| = 2\hbar^2/(m_0 a^2)$ のとき、この井戸の深さ U_0 を求めよ。単位は eV で答えよ。[0.017 eV]

7. 太陽電池には Si が広く使用されている。Si 結晶中の伝導電子のエネルギーを eV 単位で求めよ。Siの[100]方向の電子の有効質量は、0.19m_0、Siの[100]方向の格子定数 a が 0.543 nm で、波数ベクトル $k = \pi/a$ とする。[6.7 eV]

第７章

金属と合金

金属中の自由電子

金属中では、電子にはたらくポテンシャルエネルギーが小さくなり、金属内部に電子が閉じ込められる。実際には、電子には陽イオンからの静電引力や、電子同士の斥力もはたらいているが、自由電子論では単純化して、金属内部では電子に力がはたらかない**自由電子気体（ガス）**としてふるまうと考える。一価金属などではよい近似となっている。

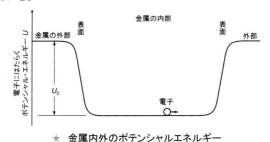

★　金属内外のポテンシャルエネルギー

電気伝導率

金属の**電気伝導率** σ と**抵抗率** ρ は、**平均衝突時間**（電子が邪魔されずに運動を続けられる平均時間）τ、**有効質量** $m*$、**伝導電子濃度** n とすると次式で示される。

$$\sigma = \frac{ne^2\tau}{m*} \quad , \qquad \rho = \frac{1}{\sigma} = \frac{m*}{ne^2\tau} \tag{7.1}$$

★　295 K での金属の電気伝導率と抵抗率

電気伝導率 $10^5\ \Omega^{-1}\ \mathrm{cm}^{-1}$ →（Al 上段の値）
抵抗率 $10^{-6}\ \Omega\ \mathrm{cm}$ →（Al 下段の値）

1	2	3	4	5	6	7	8	9	10	11	12	13	14	15	16	17	18
Li 1.07 9.32	Be 3.08 3.25											B	C	N	O	F	Ne
Na 2.11 4.75	Mg 2.33 4.30											Al 3.65 2.74	Si	P	S	Cl	Ar
K 1.39 7.19	Ca 2.78 3.6	Sc 0.21 46.8	Ti 0.23 43.1	V 0.50 19.9	Cr 0.78 12.9	Mn 0.072 139.	Fe 1.02 9.8	Co 1.72 5.8	Ni 1.43 7.0	Cu 5.88 1.70	Zn 1.69 5.92	Ga 0.67 14.85	Ge	As	Se	Br	Kr
Rb 0.80 12.5	Sr 0.47 21.5	Y 0.17 58.5	Zr 0.24 42.4	Nb 0.69 14.5	Mo 1.89 5.3	Tc ~0.7 ~14.	Ru 1.35 7.4	Rh 2.08 4.8	Pd 0.95 10.5	Ag 6.21 1.61	Cd 1.38 7.27	In 1.14 8.75	Sn 0.91 11.0	Sb 0.24 41.3	Te	I	Xe
Cs 0.50 20.0	Ba 0.26 39.	La β 0.13 49.	Hf 0.33 30.6	Ta 0.76 13.1	W 1.89 5.3	Re 0.54 18.6	Os 1.10 9.1	Ir 1.96 5.1	Pt 0.96 10.4	Au 4.55 2.20	Hg 0.10 95.9	Tl 0.61 16.4	Pb 0.48 21.0	Bi 0.086 116.	Po 0.22 46.	At	Rn
Fr	Ra	Ac															

Ce 0.12 81.	Pr 0.15 67.	Nd 0.17 59.	Pm	Sm 0.10 99.	Eu 0.11 89.	Gd 0.070 134.	Tb 111.	Dy 0.11 90.0	Ho 0.11 77.7	Er 0.12 81.	Tm 0.16 62.	Yb 0.38 26.4	Lu 0.19 53.
Th 0.66 15.2	Pa	U 0.39 25.7	Np 0.085 118.	Pu 0.070 143.	Am	Cm	Bk	Cf	Es	Fm	Md	No	Lr

　電気伝導率の単位は、$[\mathrm{S\,m^{-1}}]$ または $[\Omega^{-1}\,\mathrm{m^{-1}}]$ であり、抵抗率の単位は、$[\Omega\,\mathrm{m}]$ である。単に電気抵抗というと、抵抗は長さに比例し断面積に反比例するため、サイズに依存しない値として電気抵抗率を用いる。抵抗率の高い半導体や絶縁体においては、材料の内部よりも表面を導通する電流の寄与が大きくなるので、**体積抵抗率**や**表面抵抗率（シート抵抗）**という区分も使われる。図に、様々な金属の電気伝導率と抵抗率を示す。

　電子の**平均衝突時間** τ は、電子の**平均自由行程** λ_e とフェルミ速度 v_F で次のように表される。v_F で表されるようにフェルミエネルギーや $k_B T$ に近い電子だけが散乱される。

$$\tau = \frac{\lambda_e}{v_F} \tag{7.2}$$

　そして、結晶を構成するイオンの配列が、完全に規則正しければ、電子の散乱は生じない。各イオンの規則配列が乱されるため、電子が散乱される。まず格子振動により原子が格子点位置からずれて振動し、**不純物**や**欠陥**なども規則配列を乱す。そのため実際の電気抵抗率は、不純物による抵抗率 ρ_{imp} と、温度に依存した $\rho_{\mathrm{ph}}(T)$ フォノンによる抵抗率を合わせた、以下の**マティーセンの規則**として変化する。つまり高温ではフォノンによる抵抗率が大きく、低温では不純物や欠陥による抵抗が大きくなり、温度が $0\,\mathrm{K}$ に近づいても残る抵抗を**残留抵抗**という。

$$\rho(T) = \rho_{\mathrm{ph}}(T) + \rho_{\mathrm{imp}} \tag{7.3}$$

★　平均自由行程と平均衝突時間 (273 K)

	v_F ($10^6\,\mathrm{m\,s^{-1}}$)	λ_e (nm)	τ ($10^{-14}\,\mathrm{s}$)
Na	1.07	35	3.3
K	0.85	37	4.4
Cu	1.58	42	2.7
Ag	1.40	57	4.1
Au	1.40	41	2.9

★　有効質量比

物質	m^*/m_0	物質	m^*/m_0
Na	1.24	Ag	0.7
K	1.21	Au	1.2
Rb	1.25	Al	1.03
Cu	1.4	InSb	0.013

● ホール効果

ホール効果とは、流れている電流に垂直に磁場をかけると、電流と磁場の両方に直交する方向に起電力が現れる現象であり、次式で表わされる。

$$R_H = -\frac{1}{ne} \quad \text{(SI系)} \tag{7.4}$$

$$R_H = -\frac{1}{nec} \quad \text{(CGS系)} \tag{7.5}$$

$$\mu = |R_H|\sigma \quad \text{(SI系)} \tag{7.6}$$

ホール係数 R_H を測定することにより、金属中の伝導電子濃度 n を知ることができ、ホール係数がプラスの場合は、ホールを意味する。電気伝導率 σ を測定すれば、移動度 μ が求められる。表にホール係数の測定値と自由電子モデルによる計算値との比較を示した。CGS 単位の R_H を $m^3\ C^{-1}$ に変換するには 9×10^{13} をかける。

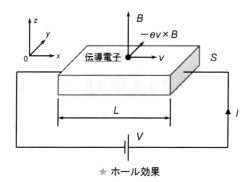

★ ホール効果

★ ホール係数の測定値と計算値

金属	方法	実験値 R_H 10^{-24} (CGS 系)	電子数の仮定値 1 原子あたり	$-1/nec$ の計算値 10^{-24} (CGS 系)
Li	従来	−1.89	1 電子	−1.48
Na	ヘリコン	−2.619	1 電子	−2.603
	従来	−2.3		
K	ヘリコン	−4.946	1 電子	−4.944
	従来	−4.7		
Rb	従来	−5.6	1 電子	−6.04
Cu	従来	−0.6	1 電子	−0.82
Ag	従来	−1.0	1 電子	−1.19
Au	従来	−0.8	1 電子	−1.18
Be	従来	+2.7	−	−
Mg	従来	−0.92	−	−
Al	ヘリコン	+1.136	1 ホール	+1.135
In	ヘリコン	+1.774	1 ホール	+1.780
As	従来	+50	−	−
Sb	従来	−22	−	−
Bi	従来	−6000	−	−

★ フェルミ球半径 k_F、フェルミ速度 v_F、フェルミエネルギーE_F^0、フェルミ温度 T_F

物質	$n\ (10^{22}\,\mathrm{cm}^{-3})$	$r_s\ (-)$	$k_F\ (10^8\,\mathrm{cm}^{-1})$	$v_F\ (10^8\,\mathrm{cm}\,\mathrm{s}^{-1})$	$E_F\ (\mathrm{eV})$	$T_F\ (10^4\,\mathrm{K})$
Li	4.62	3.27	1.11	1.29	4.70	5.45
Na	2.53	3.99	0.91	1.05	3.14	3.64
Cs	0.86	5.71	0.63	0.74	1.53	1.78
Al	18.07	2.07	1.75	2.03	11.65	13.52
Cu	8.47	2.67	1.36	1.57	7.03	8.16
Ag	5.86	3.02	1.20	1.39	5.50	6.38
Au	5.9	3.01	1.20	1.39	5.52	6.41

　また表に、金属のフェルミエネルギーE_F^0、k 空間内のフェルミ球の半径 k_F、フェルミ速度 $v_F = \hbar k_F/m$、フェルミ温度 $T_F = E_F^0/k_B$ の値、各金属元素の構造データから導かれた伝導電子密度 n、特性半径 r_s を示す。Cu、Ag、Au の電子配置は $d^{10}s^1$ であり、各原子は 1 個の自由電子を出す。r_s は、1 個の電子を含む仮想的な球の体積 $4\pi r_s^3/3 = a_0^{-3}n^{-1}$ で定義される。ここで a_0 はボーア半径で、r_s は無次元である。代表的な金属では、r_s の値は 2 と 6 の間にある。

プラズマ振動

　金属には陽イオンと伝導電子があり、電気的に中性であるが、この中性状態が局所的に少し破れると、**プラズマ振動**が発生する。物質中の電子が、互いに電気的反発を受けて集団的に振る舞う運動をプラズマ振動といい、その周波数を**プラズマ周波数**という。金属光沢は、プラズマ周波数より低い周波数を持つ光が、金属内部に侵入せず表面でほぼ完全に反射されるためである。

　プラズマ角周波数 ω_p は、次式のようになる。

$$\omega_p^2 \equiv \frac{ne^2}{\varepsilon_0 m} \quad (\text{SI単位系}) \tag{7.7}$$

$$\omega_p^2 \equiv \frac{4\pi ne^2}{m} \quad (\text{CGS単位系}) \tag{7.8}$$

角周波数 ω は、周波数を f とすると、次式のように示される。

$$\omega = 2\pi f = \frac{2\pi c}{\lambda}\ [\mathrm{rad\ s^{-1}}] \tag{7.9}$$

また電気伝導率 σ は、次式のようになる。

$$\sigma = \frac{ne^2\tau}{m^*} = \varepsilon_0 \omega_p^2 \tau \tag{7.10}$$

局在表面プラズモン共鳴

　金属中の自由電子が集団的に振動し、擬似的な粒子として振る舞っている状態を**プラズモン**という。金属が微小化した金属ナノ粒子では、電子の振動によって分極が起こり、プラズモンが表面に局在し、局在表面プラズモンとも呼ばれる。金コロイドなどの金属ナノ粒子では、可視－近赤外域の光電場とプラズモンが共鳴して光吸収が起こり、鮮やかな色を示し、これが**局在表面プラズモン共鳴（LSPR）**であり、プラズモン・ポラリトンとも呼ばれる。局所的に著しく増強された電場も発生し、光エネルギーが表面プラズモンに変換されることで、金属ナノ粒子表面に光エネルギーが蓄えられ、さらに光回折限界より小さな領域での光制御が可能となる。また、粒子形や周囲媒質の誘電率に依存した共鳴波長がある。表面プラズモンの設計・制御技術を、プラズモニクスという。

　二つのナノ粒子の接合点では、特に強いプラズモンが励起され、光エネルギーが非常に狭い領域に強く集約される。物質、形状などにより、LSPRが発生する波長が変化し、金・銀ナノ粒子などの表面上に発生するLSPRは、可視光－近赤外光領域の波長に対応しているので、分子と相互作用しやすい波長のプラズモンが発生する。金属ナノ粒子凝集体のすきまでは、LSPRが強く増強され、そこに分子が吸着すると、非常に強い表面増強ラマン散乱が検出される。

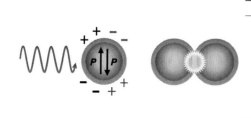

物質	測定値 (eV)	計算値 $\hbar\omega_P$
Li	7.12	8.02
Na	5.71	5.95
K	3.72	4.29
Mg	10.6	10.9
Al	15.3	15.8
Si	16.4-16.9	16.0
Ge	16.0-16.4	16.0
InSb	12.0-13.0	12.0

★　局在表面プラズモン共鳴と体積プラズモンのエネルギー

 ## ポラリトン

　ポラリトンとは、物質内の分極とフォトンとのカップリングにより生成されるボース準粒子である。電磁波が物質内に入射して分極が生成されると、その分極は再び入射光と同等のエネルギーをもった電磁波を放出し、さらにその電磁波は分極をつくる。このように、電磁波と分極がエネルギーを交換しながら物質中を伝播する現象およびその物理的量子状態をポラリトンという。

　光などの電磁波は、理論上の真空中では、何の干渉も受けない純粋な電磁波として、光速度で自由に伝播できると仮想されている。しかし、現実には完全な真空と言える空間は存在しないため、光は、常に物質と電磁的な相互作用を及ぼしあって、半分は光の波、半分は物質の波という、自由に伝播できない状態で伝わっている。この状態のエネルギーの伝播は粒子性を示し、半分は光で半分は物質という概念上の混合状態の準粒子が、ポラリトンである。

　相互作用のため、ポラリトンは光速度以下でしか伝播されない。光速度一定の概念は、理論上仮想されているもので、現実の宇宙空間は完全な真空ではないため、そのような純粋な電磁波の伝播は起こらない。物理的に検出可能な光は、必ず物質との相互作用を伴うため、ポラリトンの状態になっていない純粋なフォトンは仮想の存在で、直接観測することは事実上不可能である。

金属への光入射

　アルミニウムAl に波長 $\lambda = 600$ nm の赤色光を入射する。Al中の伝導電子濃度を $n = 1.81 \times 10^{23}$ cm^{-3}、有効質量を $m = 1.48\,m_0$（m_0 は真空中の電子の質量）とするとき、入射光の角周波数 ω とプラズマ角周波数 $\tilde{\omega}_p$ との関係を調べる。正のイオン殻によるバックグラウンドの比誘電率を $\varepsilon(\infty) = 1.46$ とする。

　入射光の角周波数 ω は、真空中の光速 c を用いて、次のようになる。

$$\omega = 2\pi \frac{c}{\lambda} = 3.14 \times 10^{15} \text{ rad s}^{-1} \tag{7.11}$$

　一方、Al 固体中の電子のプラズマ角周波数 ω_p は、次の値になる。ここで、単位の換算に注意する $[\text{F} = \text{C/V} = \text{A}^2\text{s}^2/\text{J},\ \text{V} = \text{J/As},\ \text{C} = \text{As}]$。

$$\tilde{\omega}_p = \sqrt{\frac{ne^2}{\varepsilon(\infty)\varepsilon_0 m}} = 1.63 \times 10^{16} \text{ rad s}^{-1} \tag{7.12}$$

上式から $\omega < \tilde{\omega}_p$ であり、波長 $\lambda = 600$ nm の赤色光が Al の表面で大部分反射されることがわかる。

　地上100 km 程度上空の電離層には、重くてほとんど動けない陽イオンと、プラズマ振動する電子の集団があり、その角周波数を波長に直すと15 mくらいで、それより長波長の電磁波を全反射する。FMラジオ、AMラジオに使用される電波の波長はそれぞれ、~10 m以下くらい、~100 m以上なので、AMラジオは遠くでも聞くことができる。

● しゃへいクーロン・ポテンシャル

点電荷qが、自由電子気体中に存在するとき、しゃへいされていない**クーロン・ポテンシャル**は、次式のようになる。

$$\varphi(r) = \frac{q}{4\pi\varepsilon_0 r} \tag{7.13}$$

一方しゃへいされた**クーロン・ポテンシャル**は、次式のようになる。

$$\varphi(r) = \frac{q}{4\pi\varepsilon_0 r}\exp(-k_s r) \tag{7.14}$$

$$k_s{}^2 = \frac{3n_0 e^2}{2\varepsilon_0 E_F} \tag{7.15}$$

しゃへいされたクーロン・ポテンシャルを、図に示す。特に核融合で生じる重水素原子間ポテンシャルにおいて、**量子トンネル効果**が関わる。

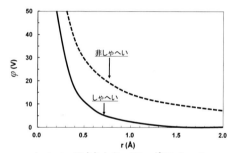

★ しゃへいされたクーロン・ポテンシャル

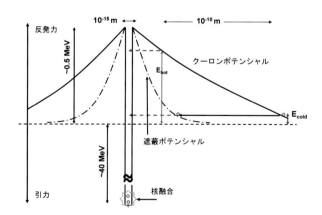

★ しゃへいされた重水素原子間ポテンシャル

金属の熱伝導

　セラミックスや半導体では、熱伝導におけるフォノンの寄与が大きい。さらに金属では、伝導電子も熱を運び、特に高純度金属では電子の寄与が重要になる。フォノンの章ででてきた、フェルミ－ディラック分布関数のグラフを見ると、温度が上昇すると、フェルミエネルギーの近くで高エネルギー側の電子が増え、低エネルギー側の電子が減っている。つまり、次図に示すように、高温側には高いエネルギーをもった電子が多く、低温側には低いエネルギーをもった電子が多く、混じりあって一様になろうとして熱伝導が起こる。

　電子による**熱伝導度** κ_e は(5.2)式同様、以下のようになる。ここで、C_eは単位体積当たりの電子比熱でフォノン比熱の百分の一程度、λ_eは電子の平均自由行程でフォノンλの10倍程度、v_F はフェルミ速度でフォノン音速の200倍程度である。結果としてκ_eは、フォノン熱伝導の20倍程度となる。不純物が多くなると低下する。

$$\kappa_e = \frac{1}{3} C_e \lambda_e v_F \tag{7.16}$$

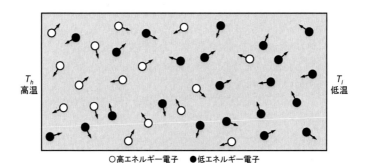

○高エネルギー電子　●低エネルギー電子

★　金属中の電子

★　ローレンツ比

	σ (0 ℃)	k (0 ℃)	L (10^{-8} W Ω K^{-2})	
	10^7 Ω^{-1} m^{-1}	W m^{-1} K^{-1}	0 ℃	100 ℃
Cu	6.45	385	2.18	2.30
Ag	6.60	418	2.31	2.37
Mg	2.54	150	2.16	2.32
Al	4.00	238	2.18	2.22
Pb	0.52	35	2.46	2.57
Pt	1.02	69	2.47	2.56

電気伝導度と電子熱伝導度には、以下の**ヴィーデマン・フランツの比**の関係があり、さらにこれを温度 T で割ったものを**ローレンツ比** L といい、金属の種類や温度に依存しない定数となる。つまり電気をよく通す物質は熱もよく通す。

$$\frac{\kappa_e}{\sigma} = \frac{\pi^2}{3}\left(\frac{k_B}{e}\right)^2 T \tag{7.17}$$

$$L = \frac{\kappa_e}{\sigma T} = \frac{\pi^2}{3}\left(\frac{k_B}{e}\right)^2 = 2.443 \times 10^{-8}\ \mathrm{W \cdot \Omega \cdot K^{-2}} \tag{7.18}$$

合金混合のエントロピー

合金とは複数の金属原子を混合したもので、互いに完全に溶けている固溶体、結晶レベルでは互いに独立している共晶、原子レベルで一定比で結合した金属間化合物などがある。二種類の原子AとBそれぞれN個ずつからなる、二元合金の**混合のエントロピー** S は、次式のようになる。

$$S = 2Nk_B ln2 - Nk_B[(1+P)ln(1+P) + (1-P)ln(1-P)] \tag{7.19}$$

ここで P は**長距離秩序パラメータ**で、$P = \pm1$で完全な秩序状態で$S = 0$となり、$P = 0$ で完全な無秩序状態で $S = 2Nk_B ln2$ となる。二つの単純立方格子のそれぞれをa、bとしたとき、格子aの上にある原子Aの数が$(1+P)N/2$に等しいとして定義される。格子bの上にある原子Aの数は、$(1-P)N/2$に等しい。

規則合金

合金の中でも、構成元素の配置が規則的で、周期的境界条件があり、単位胞が定義できるものを、**規則合金**という。規則的な秩序状態は、温度によって変化する場合がある。秩序状態を調べるには、X線回折で構造因子を調べる。

CuZn合金の場合、**秩序状態**では、Cu $(0,\ 0,\ 0)$、Zn $(\frac{1}{2},\ \frac{1}{2},\ \frac{1}{2})$の単位胞内分数原子座標位置を占める。構造因子$F$の次式の

$$F_{hkl} = \sum f_n\, e^{2\pi i(hx_n + ky_n + lz_n)} \tag{7.20}$$

x、y、z にそれぞれ単位胞内分数原子座標位置を代入し、CuとZnの原子散乱因子をf_{Cu}、f_{Zn}とすると、秩序状態では、次のようになる。

$$F_{hkl} = f_{Cu} + f_{Zn}e^{\pi i(h+k+l)} \tag{7.21}$$

　二元系合金ABでは、転移温度T_cまでPが連続的に変化しており、**二次の相転移**を示している。これに対してAB₃合金における、長距離秩序と短距離秩序をみると、転移温度T_Cで不連続に変化し、**一次の相転移**が生じている。

 ## 演習問題

1. Auナノ粒子は局在表面プラズモン共鳴により、有機太陽電池の発電効率を上げる材料として期待される。Auに波長100 nmの紫外線を入射する。伝導電子の濃度を$n = 5.89×10^{22}$ cm⁻³、有効質量を1.0 m_0、$\varepsilon(\infty) = 1.0$とするとき、(1) 入射光の周波数、(2) 入射光の角周波数、(3) Auナノ粒子中のプラズマ角周波数を求めよ。(4) 紫外線はAu表面でどうなるか。[3.0×10¹⁵ Hz, 1.9×10¹⁶ rad s⁻¹, 1.37×10¹⁶ rad s⁻¹, 金属中に入射]

2. 重水素原子核は、Pd中において自由電子気体によりしゃへいされたクーロンポテンシャルを示す。二つの重水素原子核が5.0×10⁻¹⁵ mまで近づくと核融合する。重水素原子核から5.0×10⁻¹⁵ mの距離におけるポテンシャル（V）を計算せよ。$K_s = 2.0×10^{10}$ m⁻¹とする。[2.9×10⁵ V]

3. アルミニウムは太陽電池用電極として使用されている。アルミニウムのプラズマ角周波数が$\omega_p = 1.63×10^{16}$ rad s⁻¹、電子緩和時間が$\tau = 1.57×10^{-14}$ sの時、電気伝導率をΩ^{-1} m⁻¹で計算せよ。[37 M Ω^{-1} m⁻¹]

4. Naのホール係数$R_H = -2.45×10^{-10}$ m³ C⁻¹ での電子濃度nを計算せよ。[2.55×10²⁸ m³]

5. CuPd規則合金では、格子定数aの面心立方格子において、Pd原子が(0, 0, 0)、Cu原子が(1/2, 1/2, 1/2)の単位胞内分数座標位置を占める。この合金の無秩序状態の、222及び311の構造因子を求めよ。[2<f>, 0]

6. PdAg合金の長距離秩序パラメータ$P = 0.5$、$N = 6.8×10^{22}$ cm⁻³のときの混合のエントロピーを求めよ。[1.1 J K⁻¹ cm⁻³]

これより、秩序状態にあるCuZnでは、$(h+k+l)$が偶数、奇数に関わらず回折反射がすべて現れる。これに対して、**無秩序状態**のCuZnでは、CuもZnも同じ分数原子座標位置を占めるので、平均原子散乱因子$\langle f \rangle = (f_{Cu} + f_{Zn})/2$を用いると、構造因子は次のようになる。

$$F_{hkl} = \langle f \rangle + \langle f \rangle e^{\pi i(h+k+l)} \tag{7.22}$$

これより、無秩序状態では、$(h+k+l)$が偶数のとき$F_{hkl} = 2\langle f \rangle$で回折反射が現れ、$(h+k+l)$が奇数のときは$F_{hkl} = 0$で**禁制反射**となり、回折反射は現れない。

Cu_3Au合金は、400 ℃以下で規則構造となる。このとき Au $(0, 0, 0)$、Cu $(\frac{1}{2}, \frac{1}{2}, 0)$、Cu $(\frac{1}{2}, 0, \frac{1}{2})$、Cu $(0, \frac{1}{2}, \frac{1}{2})$の単位胞内分数原子座標位置を占める。Cu と Au の原子散乱因子をf_{Cu}、f_{Au}とすると、秩序状態では、次のようになる。

$$F_{hkl} = f_{Au} + f_{Cu}[e^{\pi i(h+k)} + e^{\pi i(k+l)} + e^{\pi i(l+h)}] \tag{7.23}$$

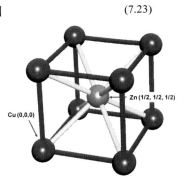

★ 塩化セシウム構造をもつ秩序状態 CuZn

無秩序状態のCu_3Auでは、CuもAuも同じ原子座標位置を占めるので、CuとAuに関する平均原子散乱因子$\langle f \rangle$を用いると、構造因子は次のようになる。

$$F_{hkl} = \langle f \rangle[1 + e^{\pi i(h+k)} + e^{\pi i(k+l)} + e^{\pi i(l+h)}] \tag{7.24}$$

秩序構造の温度依存性

温度に対する長距離秩序パラメータPの変化を図に示す。

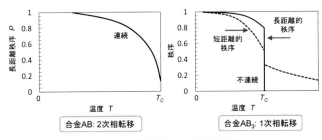

★ 合金に対する秩序の温度依存性

第8章

半導体

電気抵抗と半導体

　様々な物質の電気抵抗率を図に示す。電気をよく通す導体と通さない絶縁体の中間の物質を**半導体**という。

　電気抵抗率の温度依存性を見ると、温度が上昇すると、導体では自由電子が散乱され、自由に進めなくなり抵抗が増加する。一方、半導体では、温度上昇により価電子が励起され、電子が自由に動けるようになり、抵抗率が下がる。

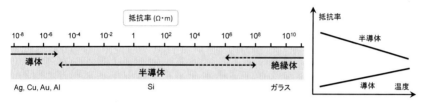

★　様々な物質の抵抗率と温度依存性

 ## 真性半導体とキャリア

　不純物を添加していない純粋な半導体を**真性半導体**（i 型半導体）という。真性半導体中で、光や熱励起などで価電子が伝導帯に遷移すると、価電子帯の電子が不足した孔ができ、あたかも正の電荷を持っているように見えるため**正孔**（ホール）と呼ばれる。

　半導体結晶中では、周囲の価電子が次々ホールに落ち込み、別の場所に新たなホールが生じて、結晶内を動き回り、正の電荷をもった電子のように振舞い電気伝導性に寄与する。ホールによる電気伝導性をp型という。また伝導電子の濃度に対してホールの濃度が高い半導体を、**p型半導体**という。逆に電子の濃度が高い半導体を、**n型半導体**という。

　価電子ではなく、伝導電子がホールに落ち込む場合には、伝導電子と価電子の間のエネルギー準位の差に相当するエネルギーを熱や光として放出し、電子とホールが再結合しホールは消滅する。一般にホールの移動度は自由電子より小さく、Siでは電子のおよそ1/3である。

　半導体中の電荷移動の担い手である、伝導電子とホールは、合わせて**キャリア**と呼ばれる。これらのキャリアは電圧を加えれば互いに反対方向に移動し、電流となる。半導体で電子という場合は、伝導電子のみをさし、自由電子とほぼ同じ意味である。

　n型半導体中の電子及びp型半導体中のホールを**多数キャリア**といい、n型半導体中のホール及びp型半導体中の電子を**少数キャリア**という。

　真性半導体中のキャリア濃度を**真性キャリア濃度**n_iといい、物質そのものからキャリア密度が決定され、次式のようになる。

$$n_{\mathrm{i}} = \sqrt{N_{\mathrm{C}}N_{\mathrm{V}}}\exp\left(-\frac{E_{\mathrm{C}}-E_{\mathrm{V}}}{2k_BT}\right) = \sqrt{N_{\mathrm{C}}N_{\mathrm{V}}}\exp\left(-\frac{E_{\mathrm{g}}}{2k_BT}\right) \tag{8.1}$$

有効状態密度

　真性半導体のホール密度pと電子密度nには、次の関係がある。

$$n = p = n_i = \sqrt{N_{\mathrm{C}}N_{\mathrm{V}}} \tag{8.2}$$

$$n = N_{\mathrm{C}}\exp\left(-\frac{E_{\mathrm{C}}-E_{\mathrm{F}}}{k_{\mathrm{B}}T}\right) \tag{8.3}$$

$$p = N_{\mathrm{V}}\exp\left(\frac{E_{\mathrm{F}}-E_{\mathrm{V}}}{k_{\mathrm{B}}T}\right) \tag{8.4}$$

　ここでN_{C}とN_{V}はそれぞれ、伝導帯の**有効状態密度**と価電子帯の有効状態密度である。**状態密度**（Density of states： DOS）は、量子力学の微視的な状態（電子の座席の数）が、あるエネルギー範囲にどれだけあるかを表す。

　伝導帯下端だけに存在する準位の密度を、伝導帯の有効状態密度N_{C}といい次式で表わされる。N_{C}にフェルミーディラク分布関数をかければ**キャリア密度（電子密度）**となる。M_{C}は、伝導帯の**バンド端の数**である。

$$N_{\mathrm{C}} \equiv 2\left(\frac{2\pi m_n k_{\mathrm{B}}T}{h^2}\right)^{\frac{3}{2}} M_{\mathrm{C}} \tag{8.5}$$

　価電子帯上端だけに存在する準位の密度を、価電子帯の有効状態密度N_{V}といい、次式で表わされる。N_{V}にフェルミーディラク分布関数をかければ**キャリア密度（ホール密度）**となる。

$$N_{\mathrm{V}} \equiv 2\left(\frac{2\pi m_p k_{\mathrm{B}}T}{h^2}\right)^{\frac{3}{2}} \tag{8.6}$$

移動度と有効質量

　固体中での電子の移動のしやすさを示す量を**電子移動度**μ [cm^2 V^{-1} s^{-1}]といい、キャリア（電子やホール）の移動のしやすさを単に**移動度**という。キャリアの電荷を

q、電子の有効質量を$m*$、電子の緩和時間・平均衝突時間をτとすると 移動度は、次式のようになる。

$$\mu \equiv \frac{q\tau}{m*} \tag{8.7}$$

移動度は、抵抗率に反比例する。抵抗率をρ、キャリア密度をnとすれば、次式のようになる。

$$\frac{1}{\rho} = qn\mu \tag{8.8}$$

真性半導体の電気伝導率

真性半導体の電気伝導率 σ [$\Omega^{-1}\,cm^{-1}$]は、電子とホールの移動度をμ_n と μ_p とすると次式で与えられる。大部分の半導体では、$\mu_n > \mu_p$ である。

$$\sigma = e(n\mu_n + p\mu_p) \tag{8.9}$$

よって、電気抵抗率 ρ [$\Omega\,cm$]は、次のようになる。

$$\rho = \frac{1}{\sigma} = \frac{1}{e(n\mu_n + p\mu_p)} \tag{8.10}$$

半導体の純度

真性半導体で必要とされる純度として、真性キャリア濃度 n_i と原子濃度 N との比n_i/N を指標とする。Ge、Si、GaAs の純度を求めてみる。$T = 300\,K$ で、各半導体の伝導電子とホールの有効質量、エネルギーギャップ E_g の値は、次の表を利用する。

$m_0 = 9.109 \times 10^{-31}$ kgは、真空における電子の質量であり、m_l、m_t、m_{lh}、m_{hh} はそれぞれ、縦有効質量、横有効質量、軽いホール、重いホールに対応する。

★ 有効質量、エネルギーギャップと伝導帯のバンド端の数 M_C

物質	m_l/m_0	m_t/m_0	m_{lh}/m_0	m_{hh}/m_0	E_g (eV)	M_C
Si	0.98	0.19	0.16	0.49	1.12	6
Ge	1.64	0.082	0.044	0.28	0.66	8
GaAs	0.067		0.082	0.45	1.42	1

$$N_C \equiv 2\left(\frac{2\pi m_n k_B T}{h^2}\right)^{\frac{3}{2}} M_c \tag{8.11}$$

$$m_n = m_{de} \equiv (m_1{}^* m_2{}^* m_3{}^*)^{\frac{1}{3}} \tag{8.12}$$

$$m_1{}^* = m_2{}^* = m_t , \quad m_3{}^* = m_1 \tag{8.13}$$

$$m_n = m_{de} = (m_t{}^2 m_1)^{\frac{1}{3}} \tag{8.14}$$

伝導帯における有効状態密度 N_c は、次式のようになる。

$$N_C = 2\left[\frac{2\pi(m_t{}^2 m_1)^{\frac{1}{3}} k_B T}{h^2}\right]^{\frac{3}{2}} M_C \tag{8.15}$$

また、価電子帯における有効状態密度 N_V は、次式のようになる。

$$N_V \equiv 2\left(\frac{2\pi m_p k_B T}{h^2}\right)^{\frac{3}{2}} \tag{8.16}$$

$$m_p = m_{dh} \equiv \left(m_{hh}^{\frac{3}{2}} + m_{lh}^{\frac{3}{2}}\right)^{\frac{2}{3}} \tag{8.17}$$

$$N_V = 2\left[\left(\frac{2\pi m_{lh} k_B T}{h^2}\right)^{\frac{3}{2}} + \left(\frac{2\pi m_{hh} k_B T}{h^2}\right)^{\frac{3}{2}}\right] \tag{8.18}$$

N_C、N_V の値を次式に代入し、真性キャリア濃度が求まる。

$$n_i = \sqrt{N_C N_V}\exp\left(-\frac{E_c - E_v}{2k_B T}\right) = \sqrt{N_C N_V}\exp\left(-\frac{E_g}{2k_B T}\right) \tag{8.19}$$

　以上より、計算した真性キャリア濃度 n_i と純度 n_i/N の値を表に示す。Si の場合、純度 n_i/N は $10^{-13} < 1.34 \times 10^{-13} < 10^{-12}$ で、$1 - n_i/N$ を計算すると、99.9999999999 % となり、twelve-nineの純度とも呼ぶ。

★ 原子濃度、真性キャリア濃度と純度

物質	原子濃度 N (cm^{-3})	真性キャリア濃度 n_i (cm^{-3})	純度 n_i/N
Si	4.99×10^{22}	6.71×10^{9}	1.34×10^{-13}
Ge	4.42×10^{22}	2.62×10^{13}	5.93×10^{-10}
GaAs	4.43×10^{22}	2.08×10^{6}	4.70×10^{-17}

不純物半導体

　純粋な真性半導体に、不純物（ドーパント）を微量添加（ドーピング）したものを**不純物半導体**または**外因性半導体**という。価電子が1つ多い原子（**ドナー**）を入れると電子ができ、n型半導体になり、価電子が1つ少ない原子（**アクセプター**）を入れるとホールができ、p型半導体になる。Siに、リン(P)を添加すればn型半導体、ホウ素(B)を添加すればp型半導体になる。

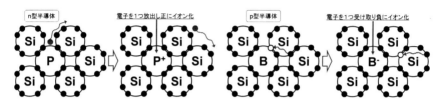

★　不純物による電子とホールの生成

ドナー準位とアクセプター準位

　半導体にドナーやアクセプターをドーピングすると、価電子が熱エネルギーにより**ドナー準位** E_d や**アクセプター準位** E_a に遷移し、電子濃度やホール濃度が高くなる。

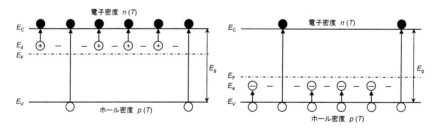

★　n型、p型半導体の電子密度とホール密度の状態

不純物半導体のキャリア濃度

　IV族の Si 中において、不純物として添加したV族の As の濃度が $5 \times 10^{16}\,\mathrm{cm^{-3}}$、III族の B の濃度が $4.9 \times 10^{16}\,\mathrm{cm^{-3}}$ とする。

　このとき、$T = 300\,\mathrm{K}$ において、(1) 伝導型、(2) 多数キャリア濃度、(3) 少数キャリア濃度を求める。As とホウ素 B は、すべてイオン化していると考える。

(1) Si に対して、As はドナー（イオン化エネルギー 49 meV）として、B はアクセプター（イオン化エネルギー 45 meV）としてはたらく。これらがすべてイオン化したとすると、イオン化したドナー濃度 $N_d = 5 \times 10^{16}$ cm^{-3}、イオン化したアクセプター濃度 $N_a = 4.9 \times 10^{16}$ cm^{-3} となる。ドナー濃度が高いので、伝導型は n 型となる。自然界は、エネルギーが低いほうが安定なので、アクセプターは、ドナーがもっていた余分な電子を受けとりイオン化する。この様子を図に示す。

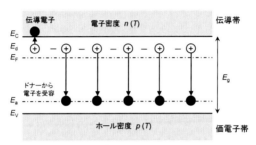

★　ドナーとアクセプターが共存したときのイオン化

(2) 伝導型が n 型だから、多数キャリアは伝導電子である。電気的中性条件から、伝導電子濃度 n とホール濃度 p の間には、次式が成り立つ。

$$n + N_a = p + N_d \tag{8.20}$$

上式の両辺に伝導電子濃度 n をかけて、

$$n_i^2 = np = N_C N_V \exp\left(-\frac{E_C - E_V}{k_B T}\right) = N_C N_V \exp\left(-\frac{E_g}{k_B T}\right) \tag{8.21}$$

これを代入して整理すると、次式が得られる。

$$n^2 + (N_a - N_d)n - n_i^2 = 0 \tag{8.22}$$

伝導電子濃度 n は、必ず正の値なので、

$$n = \frac{1}{2}\left[(N_a - N_d) + \sqrt{(N_a - N_d)^2 + 4n_i^2}\right] \tag{8.23}$$

Si の真性キャリア濃度は、計算から 6.71×10^9 cm^{-3} が得られているので

$$N_a - N_d = 1.0 \times 10^{15} \text{ cm}^{-3} \gg n_i = 6.71 \times 10^9 \text{ cm}^{-3} \tag{8.24}$$

$$n \simeq N_a - N_d = 1.0 \times 10^{15} \text{ cm}^{-3} \tag{8.25}$$

(3) $n_i^2 = np$から、少数キャリアのホール濃度p は、次のようになる。

$$p = \frac{n_i^2}{n} \simeq \frac{(6.71 \times 10^9 \,\mathrm{cm}^{-3})^2}{1.0 \times 10^{15} \,\mathrm{cm}^{-3}} = 4.5 \times 10^4 \,\mathrm{cm}^{-3} \tag{8.26}$$

ドナーのイオン化エネルギー

(1) 半導体中の1個のドナー原子は、水素原子と同様なふるまいをしていると考えられる。そこで、ボーア（Bohr）の原子モデルに基づき、水素原子についてまず考える。水素原子のエネルギー準位 E_n および電子軌道半径 a_n は、次のようになる。

$$E_n = -\frac{m_0 e^4}{8\varepsilon_0^2 h^2} \cdot \frac{1}{n^2} \qquad a_n = \frac{\varepsilon_0 h^2}{\pi m_0 e^2} \cdot \frac{1}{n^2} \tag{8.27}$$

ここで、真空中の電子質量m_0、電気素量e、真空の誘電率ε_0、プランク定数h、nは主量子数である。

(2) 基底状態（$n = 1$）における水素原子のエネルギーである、水素原子のイオン化エネルギー E_1 と電子軌道半径 a_1 を計算する。ここでイオン化エネルギーは、水素の電子が水素原子から飛び出し、真空中を自由に動けるようになるエネルギーである。

$$E_1 = -\frac{m_0 e^4}{8\varepsilon_0^2 h^2} = -2.18 \times 10^{-18} \,\mathrm{J} = -13.6 \,\mathrm{eV} \tag{8.28}$$

$$a_1 = -\frac{\varepsilon_0 h^2}{\pi m_0 e^2} = 5.29 \times 10^{-11} \,\mathrm{m} = 0.053 \,\mathrm{nm} \tag{8.29}$$

　半導体中のドナー原子が、水素原子と同様のふるまいをしていると考える。原子核は電子に比べて十分質量が大きく、静止していると考えると、水素原子に対するシュレーディンガー方程式は、次のようになる。

$$\left(-\frac{\hbar^2}{2m_0}\nabla^2 - \frac{e^2}{4\pi\varepsilon_0 r}\right)\psi = E\psi \tag{8.30}$$

ここで、$\hbar = h/2\pi$、ψ は波動関数、E はエネルギー固有値である。
一方、ドナーに対するシュレーディンガー方程式は、次式のようになる。

$$\left(-\frac{\hbar^2}{2m_c}\nabla^2 - \frac{e^2}{4\pi\varepsilon_s\varepsilon_0 r}\right)\psi = E\psi \tag{8.31}$$

よって、ドナー原子のイオン化エネルギーであるドナー準位 E_d と、電子軌道半径 a_d は、それぞれ次のようになる。m_c は伝導電子の伝導率有効質量、ε_s は比誘電率である。

$$E_\mathrm{d} = -\frac{m_c e^4}{8(\varepsilon_s \varepsilon_0)^2 h^2} \cdot \frac{1}{n^2} = -\frac{m_0 e^4}{8\varepsilon_0^2 h^2} \cdot \frac{1}{n^2} \cdot \frac{m_c}{m_0} \cdot \frac{1}{\varepsilon_s^2} = E_1 \cdot \frac{m_c}{m_0} \left(\frac{1}{\varepsilon_s}\right)^2 \tag{8.32}$$

$$a_\mathrm{d} = \frac{\varepsilon_s \varepsilon_0 h^2}{\pi m_c e^2} = \frac{\varepsilon_0 h^2}{\pi m_0 e^2} \cdot \frac{m_0}{m_c} \cdot \varepsilon_s = a_1 \cdot \frac{m_0}{m_c} \cdot \varepsilon_s \tag{8.33}$$

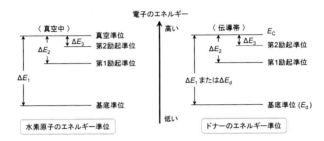

★　水素原子とドナーのエネルギー準位

(3) 以上より、Si 及び GaAs のドナー準位 E_d と、電子軌道半径 a_d を求める。Si 及び GaAs の比誘電率はそれぞれ、11.8、13.1である。

Si 及び GaAs の電子の伝導率有効質量 m_{c-Si}、m_{c-GaAs} は、次式に m_t、m_l の値を代入する。

$$m_\mathrm{c} = \frac{3 m_t m_l}{m_t + 2 m_l} \tag{8.34}$$

$$m_\mathrm{c-Si} = \frac{3 \times 0.19 m_0 \times 0.98 m_0}{0.19 m_0 + 2 \times 0.98 m_0} = 0.26\, m_0 \tag{8.35}$$

$$m_\mathrm{c-GaAs} = 0.067\, m_0 \tag{8.36}$$

よって、Si に対して、次の結果が得られる。

$$E_\mathrm{d} = 13.6\,\mathrm{eV} \times 0.26 \times \left(\frac{1}{11.8}\right)^2 = 2.53 \times 10^{-2}\,\mathrm{eV} = 25.3\,\mathrm{meV} \tag{8.37}$$

$$a_\mathrm{d} = 0.053\,\mathrm{nm} \times \frac{1}{0.26} \times 11.8 = 2.41\,\mathrm{nm} \tag{8.38}$$

GaAs に対しても同様に、次の結果が得られる。

$$E_\mathrm{d} = 13.6\,\mathrm{eV} \times 0.067 \times \left(\frac{1}{13.1}\right)^2 = 5.31 \times 10^{-3}\,\mathrm{eV} = 5.31\,\mathrm{meV} \tag{8.39}$$

$$a_{\mathrm{d}} = 0.053\,\mathrm{nm} \times \frac{1}{0.067} \times 13.1 = 10.4\,\mathrm{nm} \tag{8.40}$$

★　結晶中の不純物によるドナー、アクセプターのイオン化エネルギー

結晶	5価の不純物によるドナーの イオン化エネルギーE_{d} (meV)			3価の不純物によるアクセプターの イオン化エネルギーE_{a} (meV)			
	P (+5)	As (+5)	Sb (+5)	B (+3)	Al (+3)	Ga (+3)	In (+3)
Si	45	49	39	45	57	65	157
Ge	12.0	12.7	9.6	10.4	10.2	10.8	11.2

電気抵抗率と不純物濃度

$T = 300\,\mathrm{K}$ において、Ge の抵抗率が $\rho = 20\,\Omega\,\mathrm{cm}$ のとき、**不純物濃度**を計算する。伝導型が (1) n型の場合と、(2) p型の場合について考える。$N_{\mathrm{C}} = 1.0 \times 10^{19}\,\mathrm{cm}^{-3}$、$N_{\mathrm{V}} = 5.2 \times 10^{18}\,\mathrm{cm}^{-3}$、$E_{\mathrm{g}} = 0.67\,\mathrm{eV}$、$\mu_n = 3900\,\mathrm{cm}^2\,\mathrm{V}^{-1}\,\mathrm{s}^{-1}$、$\mu_p = 1900\,\mathrm{cm}^2\,\mathrm{V}^{-1}\,\mathrm{s}^{-1}$ である。

(1) 上記の値を次式に代入すれば、以下のようになる。

$$n_{\mathrm{i}} = \sqrt{N_{\mathrm{C}}N_{\mathrm{V}}}\exp\left(-\frac{E_{\mathrm{g}}}{2k_{\mathrm{B}}T}\right) = 1.66 \times 10^{13}\,\mathrm{cm}^{-3} \tag{8.41}$$

$n = \Delta n + p$ の関係があるとし、Δnをパラメーターとする。ここでn型半導体では、$\Delta n > 0$、p型半導体では、$\Delta n < 0$ である。

$$n_{\mathrm{i}}^2 = np = (\Delta n + p)p \tag{8.42}$$

この2次方程式を、$p > 0$ に注意しながら解くと、次式が得られる。

$$n = \frac{1}{2}\left[\Delta n + \sqrt{(\Delta n)^2 + 4n_{\mathrm{i}}^2}\right] \tag{8.43}$$

$$p = \frac{1}{2}\left[-\Delta n + \sqrt{(\Delta n)^2 + 4n_{\mathrm{i}}^2}\right] \tag{8.44}$$

電気伝導率 σ は、次のようになる。

$$\sigma = e(n\mu_n + p\mu_p) = e\left[\mu_n\Delta n + (\mu_n + \mu_p)\frac{n_{\mathrm{i}}^2}{\Delta n}\right] \tag{8.45}$$

両辺に Δn をかけて整理すると、次式のようになる。

$$\mu_n(\Delta n)^2 - \frac{\sigma}{e}\Delta n + (\mu_n + \mu_p)n_i{}^2 = 0 \tag{8.46}$$

この2次方程式を解くと、次のようになる。

$$\Delta n = \frac{1}{2\mu_n}\frac{\sigma}{e} \pm \frac{1}{2\mu_n}\sqrt{\left(\frac{\sigma}{e}\right)^2 - 4\mu_n(\mu_n + \mu_p)n_i{}^2}$$

$$= 7.45 \times 10^{13}\ \mathrm{cm}^{-3}\ ,\ 5.51 \times 10^{12}\ \mathrm{cm}^{-3} \tag{8.47}$$

この二つの解のうち、

$$p \simeq \frac{n_i{}^2}{\Delta n} \ll n_i \tag{8.48}$$

を満たすものが解となり、n型の場合の不純物濃度は次のようになる。

$$\Delta n = 7.45 \times 10^{13}\ \mathrm{cm}^{-3} \tag{8.49}$$

(2) p型の場合も同様に計算して

$$|\Delta p| = \frac{1}{2\mu_p}\frac{\sigma}{e} \pm \frac{1}{2\mu_p}\sqrt{\left(\frac{\sigma}{e}\right)^2 - 4\mu_p(\mu_n + \mu_p)n_i{}^2}$$

$$= 1.53 \times 10^{14}\ \mathrm{cm}^{-3}\ ,\ 1.13 \times 10^{13}\ \mathrm{cm}^{-3} \tag{8.50}$$

ここで、次式を満たすものが解であり、次の結果が得られる。

$$n \simeq \frac{n_i{}^2}{|\Delta p|} \ll n_i \tag{8.51}$$

$$|\Delta p| = 1.53 \times 10^{14}\ \mathrm{cm}^{-3} \tag{8.52}$$

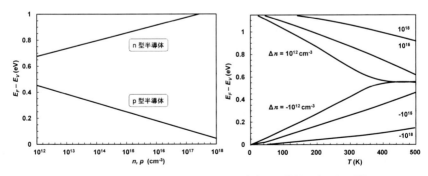

★ フェルミ準位 E_F と電子濃度 n、ホール濃度 p と絶対温度 T との関係

演習問題

1. シリコン（Si）は太陽電池に広く使用されている。Ⅳ族のSiに対してⅤ族のヒ素（As）の濃度を3.0×10^{16} cm^{-3}、Ⅲ族のホウ素（B）の濃度を4.5×10^{16} cm^{-3}とする。$T = 300$ Kのとき、(1) 伝導型、(2) 多数キャリア濃度、(3) 少数キャリア濃度を求めよ。ドーピングされたAsとBはすべてイオン化しているものとし、Siの真性キャリア濃度$n_i = 6.71\times10^{9}$ cm^{-3}とする。[p型, ホール濃度1.5×10^{16} cm^{-3}, 3.0×10^{3} cm^{-3}]

2. Si中の伝導電子とホールの移動度が、$\mu_n = 1350$ cm^2 V^{-1} s^{-1}、$\mu_p = 480$ cm^2 V^{-1} s^{-1}のとき、問1のSiの電気伝導率を求めよ。[9.9 Ω^{-1} cm^{-1}]

3. Siウェハー上にPC用LSIが形成される。ドーピングによるSiの抵抗率が$\rho = 10$ Ω cmのとき、伝導型が、(1) n型、(2) p型の場合について不純物濃度を計算せよ。伝導電子とホールの移動度はそれぞれ、$\mu_n = 1350$ cm^2 V^{-1} s^{-1}、$\mu_p = 480$ cm^2 V^{-1} s^{-1}、伝導帯、価電子帯における有効状態密度はそれぞれ、$N_C = 2.7\times10^{19}$ cm^{-3}、$N_V = 1.1\times10^{19}$ cm^{-3}、バンドギャップは$E_g = 1.14$ eV、真性キャリア濃度は$n_i = 6.71\times10^{9}$ cm^{-3}である。[4.6×10^{14} cm^{-3}, 1.3×10^{15} cm^{-3}]

4. Ge量子ドットによる高効率発電を目指した太陽電池の研究が行われている。Geの、(1) ドナー準位E_dと、(2) 電子軌道半径a_dを求めよ。Geの比誘電率は16.0、電子有効質量は1.64 m_0で、ボーアの原子モデルに従うと考え、基底状態のエネルギー準位$E_1 = -13.6$ eV、電子軌道半径$a_1 = 0.053$ nmとする。[-87.1 meV, 0.52 nm]

コラム 　　　　光をとめた？

ポラリトンの状態になると光の速度が低下する現象を応用して、気体を用いた量子コンピューターが研究されている。ハーバード大学のグループでは、0 K に冷やしたナトリウムガス、70 K のルビジウムガスを用いて、気体の中に光の信号を閉じ込めて取り出すことに成功した。この実験では、容器に閉じ込めたガスに、スイッチの働きをするレーザー光線を照射しながら、約 10 μs の光のパルスを入射させ、スイッチ用のレーザー光線を切ることで、光のパルスの伝播速度を低下させている。再びスイッチ用のレーザー光線を照射すると、元通りの光のパルス信号を取り出せることが確認された。これらの成果は 2001 年 1 月のネイチャーとフィジカル・レビュー・レターズで報告され、「光を止める技術の発見！」として各種新聞紙面上で報じられた。当時の実験では、光をとめた時間は、約 1 ms であった。これを利用して、プラズマ状態の気体による量子コンピューターの研究開発が続けられている。

第９章

半導体応用

直接遷移と間接遷移

　直接遷移型半導体においては、波数空間（k 空間）で半導体のバンド図を描いた場合、伝導帯の底と価電子帯の頂上が、同一の波数ベクトル（k 点）の位置に存在する。直接遷移型半導体では、伝導帯の下端にいる電子は、価電子帯の上端にいるホールと**運動量のやり取りなしに**再結合できる。バンドギャップ間の電子・ホールの再結合のエネルギーは、フォトン（光子）として放出される。代表的な直接遷移型半導体に、GaAsやGaNがあり、発光ダイオードやレーザーに利用されている。

　一方、Si は**間接遷移型半導体**で、伝導帯の底と価電子帯の頂上が同じ波数ベクトルの位置に存在しない。そのため、電子・ホールは運動量のやり取りを含め、フォノンや結晶欠陥などを媒介して再結合する。この場合の再結合エネルギーは、フォトンの代わりに、フォノンとして放出される（格子振動を励起する）ことが多く、フォトンは生じても非常に弱い発光となる。

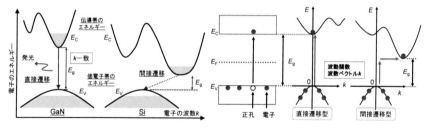

★　直接遷移型半導体と間接遷移型半導体での電子遷移

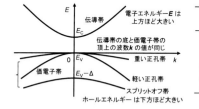

結晶	電子	重い hole	軽い hole	分離した hole	スピン-軌道
	m_e/m_0	m_{hh}/m_0	m_{lh}/m_0	m_{sch}/m_0	Δ (eV)
InSb	0.015	0.39	0.021	(0.11)	0.82
InAs	0.026	0.41	0.025	0.08	0.43
InP	0.073	0.4	(0.078)	(0.15)	0.11
GaSb	0.047	0.3	0.06	(0.14)	0.80
GaAs	0.066	0.5	0.082	0.17	0.34
Cu_2O	0.99	—	0.58	0.69	0.13

★　直接遷移型半導体のバンド端と電子とホールの有効質量

　価電子帯の頂上では、**E－k** 空間上で形状の異なる複数のバンドが縮退しており、それに対応してホールのバンドも有効質量の異なる重いホールと軽いホールのバンドに分かれる。また Si などスピン軌道相互作用が小さい元素では、スピン軌道スプリットオフバンド（スピン分裂バンド）もエネルギー的に近く（⊿ = 44 meV）、独立した議論が難しくなる。移動度を重視する用途の半導体素子では、結晶に歪みを導

入することで価電子帯頂上の縮退を解くと共に、量子準位を入れ換えて軽いホールを主に用い、フォノン散乱やキャリアの実効有効質量の低減を図ることもある。

発光と光吸収

　半導体に、バンドギャップ以上のエネルギーをもつ光をあてると、価電子帯の電子が、光のエネルギーを受け取り、エネルギーの高い伝導帯へ移動する。価電子帯の電子が抜けた穴はホールとなり、光があたると次々と電子とホールが生み出されて、それらが流れて電流となる。

　逆に伝導帯の電子が、価電子帯へ落ちてホールと結合して消滅すると、光が出てくる。実際には、**pn 接合**という**ドーピング**（電子またはホールを増やしたもの）を使い効率よく**発電・発光**させる。このように半導体には、光を電気に変える太陽電池や、逆に電気を光に変える発光ダイオード・レーザーなど、様々な応用がある。

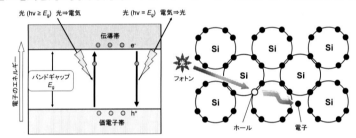

★　発光と光吸収および光によってSi原子の電子が励起され電子とホールが生成

励起子

　励起子とは、半導体や絶縁体中で励起状態の電子－ホールの対が、クーロン力によって束縛状態となったもので、**エキシトン**とも呼ばれる。クーロン力は、比誘電率をεとして、次式で表わされる。

$$F = \frac{1}{4\pi\varepsilon\varepsilon_0}\frac{q_1 q_2}{r^2} \tag{9.1}$$

　励起子の電子－ホールがともに動きエネルギーのみ運ぶ。太陽電池においては、この**電子－ホール対**を解離させて、初めて電流が流れる。励起子は、伝導帯の電子と価電子帯のホールの結合状態を波動関数として扱った励起波から物理的に導かれる。二種類の励起子、フレンケル励起子とワニエ励起子は、励起波の極限的モデルであり、実際の物質における励起子は両者の中間状態である。

① モット−ワニエ励起子（電子−ホールの結合が弱い）

　　励起状態の波動関数の広がりが、格子定数に比べてかなり大きい励起子である。この励起状態は、1つの格子点の周りに空間的に広がった状態で、電子とホールが緩く束縛されている。その束縛エネルギー準位は水素に類似する。多くのイオン結晶やイオン性半導体において、このワニエ励起子に近い励起状態が結晶中を伝播する。

② フレンケル励起子（原子・イオンに束縛され結合力が比較的強い）

　　励起状態の波動関数の広がりが、格子定数に比べてかなり小さい励起子である。この励起状態は、格子点の原子・イオンの励起状態に近く、ある波数をもって格子点を共鳴的に移動して結晶中を伝播する。多くの有機分子性結晶において、このフレンケル励起子に近い励起状態が、結晶中を伝播する。

　励起子の生成過程は、まず光などの励起により、絶縁体又は半導体の価電子帯の電子が伝導帯に遷移し、伝導帯に電子、価電子帯にホールが形成され、クーロン引力が生じる。この励起子は、陽子と電子がペアを組んだ状態が水素原子であるように、電子とホールがペアを組んだ状態を一つの粒子として取り扱うことができる。励起子は非金属結晶中における代表的な電子励起状態であり、光学特性に大きく寄与する。

　励起子生成に必要なエネルギーは、電子・ホール間の**束縛エネルギー**の分だけバンドギャップエネルギーよりも低く、励起子はより安定な状態である。したがって、反射スペクトルでは、バンド間遷移による連続スペクトルよりも低エネルギー側に鋭いピークとなって現れる。

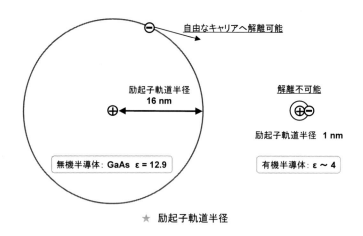

★　励起子軌道半径

変形しない硬い格子を伝搬するものは**自由励起子**と呼ばれ、結晶中を自由に動くことができる。格子振動している格子を伝搬する**自己束縛励起子**は、格子振動との相互作用により、特定の場所に局在する。

 ## 太陽電池とスペクトル

　太陽電池に光があたると、図に示すように電子とホールが生成し、電子は n 型 Si へ、ホールは p 型 Si へ移動し、外部に電流が流れる。**太陽光スペクトル**も図に示す。大気圏外の太陽光スペクトルを Air Mass 0 (AM-0)といい、大気中の H_2O や O_2 によって光吸収・散乱された後の、垂直入射の地表上の太陽光スペクトルを AM-1 という。実際はさらに、太陽光の角度が 90 度以下で、AM-1.5 により、太陽電池を評価することが多い。これは、空気層を 1.5 倍長く通る基準で、太陽高度 42 度に相当する。

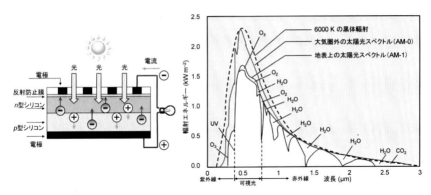

★　太陽電池の原理と太陽光スペクトル

 ## 太陽電池の電荷移動と評価

　太陽電池において、フェルミ準位の一致と内部電界によるバンドの傾きが重要となる。n型半導体とp型半導体では、バンドギャップ間のフェルミ準位E_Fの位置が異なる。しかし、pn接合により接触させると、フェルミ準位は一致するため、内部電界によりバンドの傾きが生じる。このバンドの傾きにより、電子とホールが、エネルギーが低くなる方向に動き出し、電圧が生じ電流が流れる。

　抵抗成分を無視した太陽電池の暗電流は、I_0を逆方向飽和電流、eを電気素量、Vを電圧、nを理想ダイオード因子、k_Bをボルツマン定数、Tを温度として次式で表わされ、$n=1$ で理想のpn接合のI-V特性となり、結晶性が悪くなると $n=2$ に近づく。

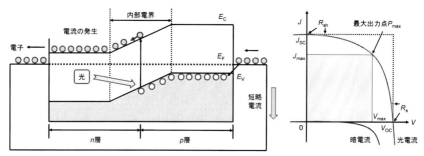

★ pn 接合界面への光入射と太陽電池の電圧－電流密度特性

$$I = -I_0\{exp\left(\frac{qV}{nk_BT}\right) - 1\} \tag{9.2}$$

実際の素子では、**直列抵抗**R_s（series resistance）と**並列抵抗**R_{sh}（shunt resistance）も考慮する。直列抵抗は、素子各部を電流が流れる時の抵抗で、これが低いほど性能が良くなる。並列抵抗は、pn接合周辺における**リーク電流**などによって生じ、これが高いほど性能が良い。I_{ph}を電流源とすると、抵抗成分を含めた太陽電池の光照射時の電流－電圧特性は次のようになる。

$$I = I_{ph} - I_0\left[\exp\left\{\frac{q(V+R_sI)}{nk_BT}\right\} - 1\right] - \frac{V+R_sI}{R_{sh}} \tag{9.3}$$

太陽電池の**電圧－電流特性**は上右図のようになる。光照射時に、端子を開放し電流が流れていない時の電圧を**開放電圧**V_{OC}（open circuit voltage）、電圧が 0 Vのときの単位面積当たりの短絡した電流を**短絡電流密度**（short-circuit current）という。P_{max}は**最大出力点（最適動作点）**、V_{max} は最適動作電圧、J_{max} は最適動作電流密度である。またFFを**曲線因子**(fill factor)という。照射光による入力エネルギーを 100 mW cm^{-2} で規格化した測定における、**変換効率** η は次式のようになる。

$$\eta\ (\%) = \frac{V_{OC}\cdot J_{SC}\cdot FF}{100(\text{mW cm}^{-2})} \times 100 = V_{OC}(\text{V}) \cdot J_{SC}(\text{mA cm}^{-2}) \cdot FF \tag{9.4}$$

$$FF = \frac{V_{max}\cdot J_{max}}{V_{OC}\cdot J_{SC}} \tag{9.5}$$

太陽電池から効率よく電力を得るには、最大出力点付近で動作させる必要がある。このため大電力用のシステムでは通常、**最大電力点追従装置**（MPPT）を用いて、日射量や負荷にかかわらず、太陽電池側からみた負荷を常に最適に保つように運転が行われる。変換効率が100%にならないのは、E_gより高いエネルギーをもつフォトンは一部が熱となり、E_gより低いフォトンは透過してしまうためである。

量子効率

　内部量子効率は、（発生するキャリア数）／（入射する光子数）で、光子（フォトン）1個により、キャリアが1個発生すれば、内部量子効率 100 %である。E_gの2倍以上のエネルギーの光を量子ドットなどに照射したときに、1個のフォトンから2個の伝導電子が生成する、内部量子効率200 %以上の**マルチエキシトン**現象が見出され、太陽電池への応用にも大変興味が持たれる。

　外部量子効率は、実際の太陽電池における様々な損失（再結合・電気抵抗・表面反射）を考慮したもので、内部量子効率×**電子取り出し効率**を考える。照射光強度 P [W m^{-2}]、波長 λ の光を太陽電池に照射し、電流に変換した効率（キャリア／光子）を外部量子効率 η といい、電流密度を J [A m^{-2}]とすると、次式のようになる。

$$\eta = \frac{hc}{e\lambda} \cdot \frac{J}{P} \times 100 \ (\%) \tag{9.6}$$

ヘテロ構造

　半導体**ヘテロ構造**は、次図に示すように、結晶構造と格子定数がほぼ同じ二種類の半導体をつなげた構造である。図の n 型の**量子井戸構造**の場合、伝導帯に電子が乗り越えられない0.224 eVの段差ができ電子が反射され、段差の間に電子が閉じ込められ、**二次元電子**と呼ばれる。この二次元電子を用いて、整数量子ホール効果や分数量子ホール効果が発見されている。またエネルギーバリアが薄い場合、トンネル現象が生じ、二重障壁を用いた**共鳴トンネル効果**で、電流電圧特性で負の微分伝導が発見されている。

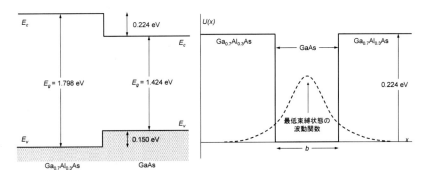

★　ヘテロ構造と量子井戸ポテンシャル

　量子ホール効果は、半導体－絶縁体界面や半導体のヘテロ接合などによる二次元電子系に、強い磁場を印加すると、電子の軌道運動が量子化され、エネルギー準位が離散的な値に縮退し、ランダウ準位が形成される現象である。$T = 0$ K のとき、量子化された二次元電子系のホール伝導率の x-y 成分は次のようになり、ホール伝導率が e^2/h の整数倍 n になり、これを**整数量子ホール効果**、q が3以上で奇数の場合(1/3, 2/3, 2/5, 2/7など)を**分数量子ホール効果**と呼びノーベル賞となった。分数量子ホール効果が観測されるのは、ヘテロ接合界面に不純物が少ない良質の試料に限られる。

$$\sigma_{xy} = n\frac{e^2}{h} = \frac{p}{q}\frac{e^2}{h} \tag{9.7}$$

　図のように二種類以上の異なる半導体からできる固溶体を**半導体混晶**という。例えば、AlAs と GaAs が 3:7 の割合で含まれる混晶は $Al_{0.3}Ga_{0.7}As$ と書き、三元混晶と呼ばれる。物質 A と物質 B がある組成比で構成された混晶 AB は、物質 A と物質 B の特性が比例配分された特性や格子定数を持ち、これを**ベガードの法則**という。四元混晶である $In_xGa_{1-x}As_yP_{1-y}$ では、x と y の値を変えることでバンドギャップを変化させ、発光波長をコントロールでき、半導体材料の設計が可能となる。

ドナー・アクセプター・バルクヘテロ接合

　炭素原子は、恒星におけるHe原子核融合により生成され、宇宙全体に多数存在している。光合成などの生命活動や人工光合成においても、二酸化炭素CO_2や$C_6H_{12}O_6$など非常に重要な役割を果たしている。最近は、C_{60}フラーレンを用いた有機薄膜太陽電池の研究が進展している。特に**バルクヘテロ接合**という従来にない新しい形の接合により、10%を超える有機薄膜太陽電池も登場してきた。

　無機太陽電池と有機太陽電池では、原理が異なる。有機薄膜太陽電池では、ドナー（フタロシアニン等）層が光を吸収し、ドナーのHOMO （最高占有分子軌道）からLUMO（最低非占有分子軌道）へ電子を励起し励起子が発生する。さらに励起子が拡散し、**ドナー・アクセプター**界面で電荷分離する。そして分離した電子はアクセプター（フラーレン等）中を移動、ホールはドナー中を移動し電極に到達し電流が流れる。**ポリシラン**も高温でも安定なペロブスカイト太陽電池用ホール輸送材である。

　有機太陽電池の効率を決定する要素としては、図に示すように、**励起子生成効率** η_1、**励起子移動効率** η_2、**電荷分離効率** η_3、**電荷移動効率** η_4の4つを総合したものになる。全体の効率はかけ算になるので、すべての効率を高くする必要がある。有機系太陽電池では、η_1、η_3 は高いが、励起子の拡散長が非常に短く数nm程度で、η_2、η_4が高くならないという問題がある。

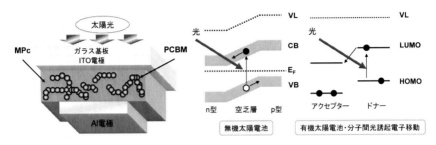

★ バルクヘテロ接合太陽電池と無機・有機太陽電池における光キャリア発生

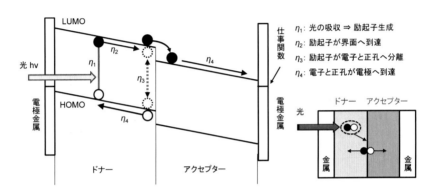

★ 有機太陽電池の効率を決定する要素

ドナー（Gaフタロシアニン：GaPc）・アクセプター（フラーレン）間の電子分布の様子を、第一原理分子軌道計算により計算した結果を図に示す。フタロシアニン上から（左下）、フラーレン側に電子分布（左上）している様子がわかる。

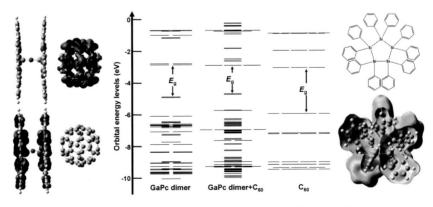

★ C₆₀-GaPcのエネルギーレベル図とDPPSポリシランホール輸送材の静電ポテンシャル分布

半導体物性値

様々な半導体を評価する際に必要となる物性値をまとめて示す。

★ 半導体結晶の300 Kにおける特性

半導体結晶		格子定数 (Å)	E_g (eV)	バンド構造	移動度 (cm^2 V^{-1} s^{-1})		比誘電率
					μ_n	μ_p	
IV	Ge	5.65	0.66	間接遷移	3900	1800	16.2
IV	Si	5.43	1.12	間接遷移	1450	505	11.9
IV-IV	SiC	4.35	2.86	間接遷移	300	40	9.66
III-V	AlSb	6.13	1.61	間接遷移	200	400	12.0
III-V	GaAs	5.65	1.42	直接遷移	9200	320	12.4
III-V	GaP	5.45	2.27	間接遷移	160	135	11.1
III-V	GaSb	6.09	0.75	直接遷移	3750	680	15.7
III-V	InAs	6.05	0.35	直接遷移	33000	450	15.1
III-V	InP	5.86	1.34	直接遷移	5900	150	12.6
III-V	InSb	6.47	0.17	直接遷移	77000	850	16.8
II-VI	CdS	5.83	2.42	直接遷移	340	50	5.4
II-VI	CdTe	6.48	1.56	直接遷移	1050	100	10.2
II-VI	ZnO	4.58	3.35	直接遷移	200	180	9.0
II-VI	ZnS	5.42	3.68	直接遷移	180	10	8.9
IV-VI	PbS	5.93	0.41	間接遷移	800	1000	17.0
IV-VI	PbTe	6.46	0.31	間接遷移	6000	4000	30.0

★ III－V属化合物半導体と発光波長

結晶	波長 nm	結晶	波長 nm
InAsSbP/InAs	4200	Al$_{0.11}$Ga$_{0.89}$As:Si	830
InAs	3800	Al$_{0.4}$Ga$_{0.6}$As:Si	650
GaInAsP/GaSb	2000	GaAs$_{0.6}$P$_{0.4}$	660
GaSb	1800	GaAs$_{0.4}$P$_{0.6}$	620
Ga$_x$In$_{1-x}$As$_{1-y}$P$_y$	1100-1600	GaAs$_{0.15}$P$_{0.85}$	590
Ga$_{0.47}$In$_{0.53}$As	1550	(Al$_x$Ga$_{1-x}$)$_{0.5}$In$_{0.5}$P	655
GaAs:Er,InP:Er	1540	GaP	690
Si:C	1300	GaP:N	550-570
GaAs:Yb,InP:Yb	1000	In$_{1-x}$Ga$_x$N	340, 430, 590
Al$_x$Ga$_{1-x}$As:Si	650-940	SiC	400-460
GaAs:Si	940	BN	260, 310, 490

★ 300 Kでのキャリア移動度 (cm^2 V^{-2} s^{-1})

結晶	電子	ホール	結晶	電子	ホール
Diamond	1800	1200	GaAs	8000	300
Si	1350	480	GaSb	5000	1000
Ge	3600	1800	PbS	550	600
InSb	800	450	PbSe	1020	930
InAs	30000	450	PbTe	2500	1000
InP	4500	100	AgCl	50	—
AlAs	280	—	KBr (100K)	100	—
AlSb	900	400	SiC	100	10-20

★　価電子帯と伝導帯間のエネルギーギャップ

結晶	遷移型	E_g (eV)		結晶	遷移型	E_g (eV)	
		0 K	300 K			0 K	300 K
Diamond	間接		5.47	SiC	間接	3.0	2.86
Si	間接	1.17	1.11	Te	直接		0.33
Ge	間接	0.744	0.66	HgTe	直接		0.30
α-Sn	直接	0.00	0.00	PbS	直接	0.286	0.35
InSb	直接	0.23	0.17	PbSe	間接	0.165	0.27
InAs	直接	0.43	0.36	PbTe	間接	0.190	0.29
InP	直接	1.42	1.27	CdS	直接	2.582	2.42
GaP	間接	2.32	2.25	CdSe	直接	1.840	1.74
GaAs	直接	1.52	1.43	CdTe	直接	1.607	1.44
GaSb	直接	0.81	0.68	SnTe	直接	0.3	0.18
AlSb	間接	1.65	1.6	Cu_2O	直接		2.17

★　Si及びGaAsの300 Kにおける特性

特性	Si	GaAs
原子密度 (atoms cm^{-3})	5.02×10^{22}	4.42×10^{22}
原子量	28.09	144.63
降伏電界 (V cm^{-1})	3×10^5	4×10^5
結晶構造	diamond	ZnS
密度 (g cm^{-3})	2.329	5.317
比誘電率	11.9	12.4
伝導帯の有効状態密度 N_C (cm^{-3})	2.86×10^{19}	4.7×10^{17}
価電子帯の有効状態密度 N_V (cm^{-3})	2.66×10^{19}	7.0×10^{18}
電子有効質量 (m_n/m_0)	0.26	0.063
ホール有効質量 (m_p/m_0)	0.69	0.57
電子親和力 (V)	4.05	4.07
エネルギーギャップ (eV)	1.12	1.42
屈折率	3.42	3.3
真性キャリア密度 (cm^{-3})	9.65×10^9	2.25×10^6
比抵抗 (Ω·cm)	3.3×10^5	2.9×10^8
格子定数 (Å)	5.43102	5.65325
線膨張係数 $\Delta L/L \times T$ (K^{-1})	2.59×10^{-6}	5.75×10^{-6}
融点 (°C)	1412	1240
少数キャリア寿命 (s)	3×10^{-2}	10^{-8}
電子移動度 μ_n (cm^2 V^{-1} s^{-1})	1450	9200
ホール移動度 μ_h (cm^2 V^{-1} s^{-1})	505	320
比熱 (J g^{-1} K^{-1})	0.7	0.35
熱伝導率 (W cm^{-1} K^{-1})	1.31	0.46
蒸気圧 (Pa)	1 (1650 °C)	100 (1050 °C)
	10^{-6} (900 °C)	1 (900 °C)

★　半金属の電子とホールの濃度

半金属	n_e (cm^{-3})	n_h (cm^{-3})
As	$(2.12 \pm 0.01) \times 10^{20}$	$(2.12 \pm 0.01) \times 10^{20}$
Sb	$(5.54 \pm 0.05) \times 10^{19}$	$(5.49 \pm 0.03) \times 10^{19}$
Bi	2.88×10^{17}	3.00×10^{17}
Graphite	2.72×10^{18}	2.04×10^{18}

★　半導体の比誘電率

結晶	ε	結晶	ε	結晶	ε	結晶	ε
Diamond	5.5	InSb	17.9	GaSb	15.7	AlSb	10.3
Si	11.7	InAs	14.6	GaAs	13.1	SiC	10.2
Ge	15.8	InP	12.4	AlAs	10.1	Cu$_2$O	7.1

 ## サイクロトロン共鳴

　質量m、電荷eの電子は、磁束密度Bの中で角振動数ω_cの円運動であるサイクロトロン運動を行う。その振動数と同じ振動数の電磁波を当てると共鳴してエネルギーを吸収し、これを**サイクロトロン共鳴**という。このときのサイクロトロン角周波数ω_cは次式で表わされる。

$$\omega_c = \frac{eB}{m^*} \tag{9.8}$$

　結晶中の電子やホールの場合、その有効質量が上式中のm^*に相当し、磁場中にある試料に磁場と垂直な振動電場（マイクロ波、長波長赤外線）をかけ、その角振動数がω_cに等しいとき共鳴し、電磁波の吸収が観測される。共鳴する周波数を調べることで、電子やホールの有効質量を調べることができる。また、磁場中のホール効果を利用したホール効果測定により、半導体のp型、n型の伝導型を調べることができる。

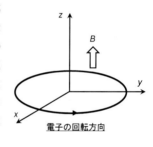

電子の回転方向

 # 演習問題

1.　Siのpn接合（接合面積5.00 cm^2）に波長500 nmの単色緑光が照射されている。入射光強度Pを0.100 W cm^{-2}とし、フォトンがSi内で吸収される量子効率が70.0 %とする。Siのバンドギャップは1.10 eVである。
(1) 入射光のエネルギーをeV単位で求めよ。　(2) 単位面積当たり1秒間の入射フォトン数Nを求めよ。　(3) 短絡光電流密度J_{SC}を求めよ。　(4) 開放電圧V_{OC}が0.589 V、曲線因子FFが0.791であるとき、エネルギー変換効率η %を計算せよ。　(5) 量子効率は100 %でも、エネルギー変換効率が100 %にならない理由を、光の波長とバンドギャップを比較して述べよ。[2.48 eV, 2.52×10^{17}個 s^{-1} cm^{-2}, 28.3 mA cm^{-2}, 13.2 %]

2. GaAs半導体の電子移動度は、8500 cm^2 V^{-1} s^{-1}と、Siの6倍以上も大きく携帯電話などの高周波デバイスに使用されている。GaAs中の電子の有効質量が$0.067m_0$の時、電子の平均衝突時間（緩和時間）τを求めよ。[3.2×10^{-13} s]

3. 太陽電池の発電効率に影響を与える、2種類の励起子について説明せよ。

4. 無機半導体であるGaAs（比誘電率$\varepsilon = 12.9$）中での励起子軌道半径が16 nmで、C_{60}系有機半導体（比誘電率$\varepsilon = 4.0$）中での励起子軌道半径が1.0 nmであるとき、(1) それぞれの半導体中での励起子にはたらく力を計算せよ。(2) 太陽電池では励起子分離が重要である。どちらの半導体が太陽電池に有利か理由とともに説明せよ。[7.0×10^{-14} N、 5.8×10^{-11} N, GaAs]

5. GaAsは、伝導電子の高速性や直接遷移型のバンド構造を利用して、半導体レーザーや超高速デバイスに応用されている。GaAsに磁束密度1.0×10^{-3} Tかけたときのサイクロトロン角周波数を測定したところ2.62×10^9 rad s^{-1}となった。GaAs中の電子の有効質量を、(1) kg単位、(2) m_0単位で求めよ。[6.1×10^{-32} kg, $0.067m_0$]

6. InSbは、μ_n が78000 cm^2 V^{-1} S^{-1}と半導体中最大の電子移動度をもち、磁気を電気に変換するホール素子として携帯電話開閉の検出等に使用されている。(1) 300 Kでの伝導帯の有効状態密度、(2) 価電子帯の有効状態密度、(3) 真性キャリア濃度、(4) ホール係数を求めよ。$E_g = 0.180$ eV、$m_e = 0.0145\ m_0$、$m_h = 0.400\ m_0$である。(5) InSbにおける有効キャリアとその理由を述べよ。伝導帯のバンド端の数M_Cは1である。[4.38×10^{22} m^{-3}, 6.35×10^{24} m^{-3}, 1.63×10^{22} m^{-3}, -3.85×10^{-4} m^3 C^{-1}, 電子、ホール移動度より電子移動度の方が大きいため]

★ 300K でのシリコンとアンチモン化インジウムの物性値

	Si	InSb
μ_n	1350 cm^2 V^{-1} s^{-1}	77000 cm^2 V^{-1} s^{-1}
μ_p	480 cm^2 V^{-1} s^{-1}	750 cm^2 V^{-1} s^{-1}
N_C	2.7×10^{19} cm^{-3}	4.6×10^{16} cm^{-3}
N_V	1.1×10^{19} cm^{-3}	6.2×10^{18} cm^{-3}
E_g	1.14 eV	0.18 eV

コラム　モーゼは本当に海を分けた？

　モーゼは、旧約聖書の『出エジプト記』に現れる紀元前13世紀ごろ活躍したとされる古代イスラエルの民族指導者である。ユダヤ教・キリスト教など多くの宗教において、重要な預言者の一人とされる。このモーゼが、海の水を左右に分かれさせ、そこを歩くことができたという逸話が残っている。

　水は弱い反磁性体であるため、水を入れた容器の中心に強力な磁石を入れると、水が左右へと分かれる現象が、1993年に発見された。この現象は、モーゼの逸話にちなんで、モーゼ効果とよばれている。一方、常磁性を持つ液体では、逆に容器の中心に液体が集まるという現象が起こり、この現象は逆モーゼ効果とよばれている。

　人間の体には、全身に微弱な生体電流が流れていて、脳波、筋電図や心電図など実際に測定できる。人体は帯電しやすく、セーターなどを着た時によくみられる火花放電は、人体帯電圧が5000 Vを超えると生じる。モーゼが身体に大電流を蓄積し、強力な磁場を発することのできる人物であったとしたら、海の水を分かれさせることも可能であったのかもしれない。

コラム　アインシュタインの哲学

- 学ぶとは自分と向き合うこと。
- 一見して馬鹿げていないアイデアは、見込みがない。
- 宇宙について最も理解しがたいことは、それが理解可能だということである。
- 私の学習を妨げた唯一のものは、私が受けた教育である。
- 正規の教育を受けて好奇心を失わない子供がいたら、それは奇跡だ。
- 宗教なき科学は不完全であり、科学なき宗教は盲目である。
- 知的な馬鹿は、物事を複雑にする傾向がある。それとは反対の方向に進むためには、少しの才能と多くの勇気が必要だ。
- 大切なのは、自問自答し続けることである。
- 困難の中に、機会がある。
- 人の価値とは、その人が得たものではなく、その人が与えたもので測られる。
- 人生には、二つの道しかない。一つは、奇跡などまったく存在しないかのように生きること。もう一つは、すべてが奇跡であるかのように生きることだ。
- 成功者になろうとするのではなく、むしろ価値のある人間になろうとしなさい。
- 知識人は問題を解決し、天才は問題を未然に防ぐ。
- 誰かの為に生きてこそ、人生には価値がある。
- 愛は、義務より良い教師である。
- 優れた科学者を生み出すのは知性だと人は言う。彼らは間違っている。それは人格だ。
- シンプルで控えめな生き方が、だれにとっても、体にも、心にも、最善である。

第10章

誘電体

誘電体の種類

　誘電体は、広いバンドギャップをもち、直流電圧に対しては電気を通さない**絶縁体**である。誘電体は、電子機器の絶縁材料、コンデンサの電極間挿入材料、半導体素子のゲート絶縁膜などに用いられている。また高い誘電率をもつことは光学材料として極めて重要で、光ファイバー、レンズの光学コーティング、非線形光学素子などに用いられている。セラミックス、ガラス、プラスチック、油なども誘電体である。

　誘電体は、最も基本的な常誘電体、圧電体、焦電体、強誘電体の4種類に分類される。強誘電体はこれら全ての特徴をもち、焦電体は圧電体・常誘電体の性質も示し、次図の関係にある

① **圧電体**： 応力を加えることで分極（および電圧）が生じる誘電体が圧電体である。逆に電圧を加えることで、応力や変形が生じる。これらの性質は圧電性と呼ばれ、ソナーなどに利用されている。

② **焦電体**： 圧電体のうち、外から電界を与えなくても**自発的な分極**を有しているものを焦電体という。微小な温度変化に応じて、**誘電分極**および**起電力**が生じる。この性質は赤外線センサなどに応用されている。

③ **強誘電体**： 焦電体のうち、外部からの電界によって方向を反転させることのできるものを強誘電体という。強誘電体の特徴は、分極が外部電場に対する**ヒステリシス特性**をもつことである。この特性は不揮発性メモリの1種である FeRAM に応用されている。

④ **常誘電体**： 圧電体、焦電体、強誘電体以外の全ての誘電体である。

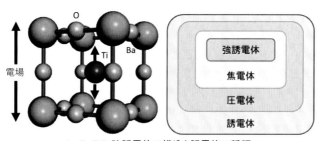

★ $BaTiO_3$ 強誘電体の構造と誘電体の種類

誘電分極

　帯電した物体を誘電体（絶縁体）に接近させると、帯電した物体に近い側に、帯電した物体とは逆の電荷が現れる現象を、**誘電分極**という。

　誘電分極は、電場によって微視的な電気双極子が整列することで引き起こされる。正負の電荷の組が無数に並んでいる状態であるため、内部にも電位差が生じている。よく似た現象に**静電誘導**があり、こちらは導体の場合に起きる現象である。

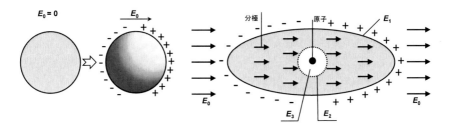

★　誘電体球の分極と結晶中の原子にはたらく内部電界

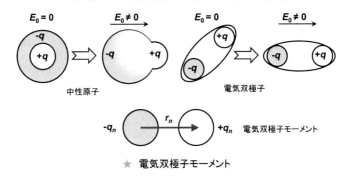

★　電気双極子モーメント

　自由電子がない絶縁体では電荷が移動できないため、その表面に電荷が生じるなど考えにくい現象のようにも思えるが、実際には分子自体が電荷の偏りをもち（極性分子）、これが整列したり、分子内の電子がプラス側に偏るため、誘電分極が起こる。

　誘電分極を表す量は、**誘電分極モーメント**もしくは**分極 P (C m^{-2})** である。巨視的な誘電分極 P の定義は、**電束密度D、電場の強さE、真空の誘電率ε_0** として、次のようになる。

$$P = D - \varepsilon_0 E \tag{10.1}$$

　第2項は誘電体がない真空を仮定した際の電束密度である。つまり、誘電分極 P は誘電体の存在によって生じる、電束密度の真空からのずれを表している。P は、単位体積当たりの**電気双極子モーメント**である。

★ 永久双極子モーメント

物質	μ_p (10^{-29} C m)	物質	μ_p (10^{-29} C m)
HCl	0.34	CS_2	0.0
HBr	0.26	H_2O	0.60
HI	0.13	SO_2	0.54
CO_2	0.0	NH_3	0.9

分極Pの方向は正の電荷が移動する方向で、外部電界E_0によって分極P が生じる。分極Pによって外部電界E_0を打ち消すような反分極電界E_1が生ずる。**電気感受率** χは、分極Pと全電界Eを用いて次式で示される。

$$P = \chi E, \qquad D = \varepsilon_0(1 + \chi)E \tag{10.2}$$

電場強度E、磁束密度B、電束密度D、磁場強度Hを結び付けるのが、電磁場を記述する電磁気学の基礎となる**マクスウェル方程式**である。

$$\nabla \cdot B = 0, \ \nabla \times E + \frac{\partial B}{\partial t} = 0, \ \nabla \cdot D = \rho, \ \nabla \times H - \frac{\partial D}{\partial t} = j \tag{10.3}$$

$D = \varepsilon E$、$B = \mu H$ で、ρは**電荷密度**、jは電流密度、εは媒質の誘電率、μは**透磁率**であり、次の電気量保存の式が成り立つ。

$$\frac{\partial \rho}{\partial t} + \nabla \cdot j = 0 \tag{10.4}$$

原子や分子の電子雲などがもつ、電荷分布の相対的な偏りを、**分極率**という。電荷分布は、近隣のイオンや双極子などで生じる外部電場によって変化し、その通常状態からの偏差が分極率である。分極率 α は、電場 E とこの電場により誘起された原子、分子の双極子モーメント p の比で定義される。

$$p = \alpha E \tag{10.5}$$

分極率 α は、SI単位系では、[C·m^2·V^{-1}] = [A^2·s^4·kg^{-1}]の次元をもつ。

強誘電体が自発分極や圧電特性を失う温度を**キュリー温度**T_Cという。チタン酸ジルコン酸鉛（PZT）では、T_C以下では正方晶で、単位格子の中心には変位した陽イオンがあるため電気双極子をもつ。T_C以上では立方晶となり、中心の変位陽イオンはちょうど中心に位置するようになり、電気双極子モーメントと自発分極がなくなり、常誘電体となる。キュリー温度以上での誘電率 εを、絶対温度T、キュリー温度 T_C、キュリー定数 C で近似的に**キュリー・ワイスの法則**で表すことができる。

$$\varepsilon = \frac{C}{T + T_C} \tag{10.6}$$

自発分極と圧電効果

強誘電体や焦電体の内部では、外部から電界がかけられなくても、分極した原子や分子が全てランダムな方向を向いているわけではなく、プラスの電荷の部分とマイナスの電荷の部分が互いに引きつけ合い規則的に並び、ある程度の大きさの分極した区域を作り、それぞれの分極区域同士がランダムな方向を向き、これによってエネルギーを最小化して安定している。このような分極区域を**自発分極**という。

強誘電体では、外部から十分な強度の電界が加えられると自発分極が向きを変え、電界の方向にそって並び、全ての自発分極の方向が揃えば飽和して、より強い電界が加えられてもそれ以上は変化しない。内部の双極子は、隣接するもの同士が互いにプラスとマイナスを打ち消しあうが、強誘電体の両端面には電荷が現れる。この電荷は、**分極電荷**と呼ばれ、この自発分極の配列は外部電界が無くなっても持続するため両端面の分極電荷も残る。この効果は加えられる外部電界の強度に応じたヒステリシス特性を持つ。

圧電体の結晶では、外部から加えられる交流的な振動や強い衝撃によって、双極子の持つ分極が変化し、空間電荷がこれを補正するまでの短時間だけ、外部結晶表面に比較的高い電圧が生じる。これを**圧電効果**といい、圧電性は可逆的であり、圧電体の結晶は電圧、つまり外部から加えられる電界に応じて変形する。逆に力を加えることで、結晶表面に分極した表面電荷が現れる。この圧電体は、タッチパネル、ライター、ソナー、スピーカー等に圧電素子として幅広く用いられている。

★　強誘電体物質

物質	T_C (℃)
チタン酸バリウム BaTiO$_3$	120
ニオブ酸カリウム KNbO$_3$	434
チタン酸鉛 PbTiO$_3$	490
ニオブ酸リチウム LiNbO$_3$	1210
チタン酸ビスマス Bi$_4$Ti$_3$O$_{12}$	675
モリブデン酸ガドリニウム Gd$_2$(MoO$_4$)$_3$, GMO	159
ジルコニウムチタン酸鉛 PZT, Pb(Zr$_x$Ti$_{1-x}$)O$_3$	x に依存

 微粒子の分極率

ナノ粒子への光照射により**プラズモン電場**が発生する。このプラズモン電場は、光と同じように色素・分子の励起が可能である。これは、光エネルギーをナノ空間に濃縮することを意味し、太陽電池の効率向上に寄与する技術と考えられている。

微粒子の半径を a とすると、分極率 α は、次式のようになる。

$$\alpha = 4\pi\varepsilon\varepsilon_0 a^3 \tag{10.7}$$

半径 a が光の波長 λ よりも十分小さいときに、微粒子による表面プラズモンを考えると、金属の複素誘電率 ε は波長の関数で、微粒子を取り囲む媒質の誘電率 ε_m により次式のようになる。

$$\alpha = 4\pi a^3 \left(\frac{\varepsilon - \varepsilon_m}{\varepsilon + 2\varepsilon_m}\right) \tag{10.8}$$

ある波長で分母の実部が0に近づくと、分極率が極大となり、これがプラズモン共鳴波長であり、強く表面プラズモンが励起される。そして、巨大な近接場電場が金属微粒子近傍に誘起され、**局在表面プラズモン共鳴**が起こる。

静電容量

半導体素子の微細化、低消費電力化のために、電界効果トランジスタのゲート絶縁膜を薄膜化し、**静電容量**を大きくすることで高性能化を目指してきた。しかし、量子力学的なトンネル効果等による**リーク電流**が増加し、デバイスの信頼性が低下している。薄膜化に代わる静電容量を増大させる方法として、ゲート絶縁膜を比較的誘電率が低いSiO₂系材料から、高誘電率絶縁膜にする必要性が高まってきている。有望な高誘電率絶縁膜として、HfO₂系材料などが挙げられる。静電容量 C は、比誘電率 ε、誘電体の面積 S、誘電体の厚さ d_D として次のようになる。

$$C = \frac{\varepsilon\varepsilon_0 S}{d_D} \tag{10.9}$$

また半導体素子の微細化は、多層配線間で**コンデンサ容量**（**寄生容量**）を形成し、配線遅延は寄生容量に比例するため、これによる信号遅延が問題になっている。寄生容量を低減させるために層間絶縁膜を低誘電率絶縁膜にする必要がある。有望な低誘電率絶縁膜としてSiOF、SiOC、有機ポリマー系の材料などがある。

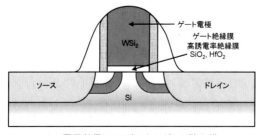

★ 電界効果トランジスタのゲート酸化膜

電界効果トランジスタ

　電界効果トランジスタ（FET）では、ゲート電極に電圧をかけ、チャネルの電界により電子またはホールの流れにゲートを設ける原理で、ソースとドレイン端子間の電流を制御する。FETは、一種類のキャリアしか用いないユニポーラトランジスタである。図に示すように、界面に、電子、ホールによるチャネルが形成され、ゲート電圧でソース-ドレイン間のチャネルの電気伝導を制御する。

　FETは、スイッチング素子や増幅素子として利用される。ゲート電流が小さく、構造が平面的であるため、作製や高集積化が容易であり、現在の電子機器で使用される集積回路では必要不可欠である。デジタル回路では論理回路の基本素子として、アナログ回路では送受信に使用される各種回路にも使用されている。マイクロ波では、Siよりキャリア移動度が高い、GaAs化合物半導体FETが用いられている。

　p型Siとゲート酸化膜絶縁体界面における表面電位ϕ_{Surf}は、p型半導体のアクセプター濃度N_a、半導体の比誘電率ε_p、空乏層の幅l_Dとすると、次式のようになる。

$$\phi_{\mathrm{Surf}} \equiv \phi(0) = \frac{eN_a}{2\varepsilon_p\varepsilon_0}l_D{}^2 \tag{10.10}$$

　半導体から電気信号を取り出す際には、ソース・ドレインにおいて、オーミック接触、ゲートにおいてショットキー接触が必要となる。金属の選択や熱処理による界面反応により、電気特性を制御することが可能である。金属の選択には、仕事関数の値が重要な因子になる。

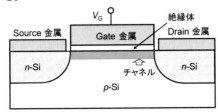

★　電界効果トランジスタの断面構造

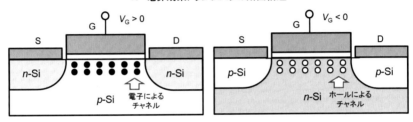

★　電界効果トランジスタのチャネル

★　元素の仕事関数(eV)(多結晶)

Li	Be											B	C		
2.9	4.98											4.45	5.0		
Na	Mg											Al	Si	P	S
2.75	3.66											4.28	4.85	-	-
K	Ca	Sc	Ti	V	Cr	Mn	Fe	Co	Ni	Cu	Zn	Ga	Ge	As	Se
2.30	2.87	3.5	4.33	4.3	4.5	4.1	4.5	5.0	5.15	4.65	4.33	4.2	5.0	3.75	5.9
Rb	Sr	Y	Zr	Nb	Mo	Tc	Ru	Rh	Pd	Ag	Cd	In	Sn	Sb	Te
2.16	2.59	3.1	4.05	4.3	4.6	-	4.71	4.98	5.12	4.26	4.22	4.12	4.42	4.55	4.95
Cs	Ba	La	Hf	Ta	W	Re	Os	If	Pt	Au	Hg	Tl	Pb	Bi	Po
2.14	2.7	3.5	3.9	4.25	4.55	4.96	4.83	5.27	5.65	5.1	4.49	3.84	4.25	4.22	-

仕事関数は、真空中の物質表面において、表面から1個の電子を無限遠まで取り出すのに必要な最小エネルギーである。金属の仕事関数の値は、およそ $2-6$ eV程度で、金属単体で最も仕事関数が小さいのは Cs で、1.93 eVである。仕事関数の値は、表面原子の種類、面方位、構造、他原子吸着などに強く依存する。

演習問題

1. SiO_2誘電体ナノ粒子の光散乱効果による太陽電池の発電効率向上が期待される。半径50 nmのSiO_2粒子の分極率を求めよ。SiO_2の比誘電率4.0。[$5.6×10^{-32}$ F m^2]

2. コンピューターLSI中には、WSi_2ゲート電極とSi半導体の間にSiO_2が使用されている。SiO_2の膜厚8.0 nm、ゲート電極面積500 nm^2、比誘電率$\varepsilon = 4.0$としたときの静電容量を求めよ。[$2.2×10^{-18}$ F]

3. Siはコンピューター用半導体として広く使用されている。SiO_2絶縁膜－p型Si半導体界面おける表面電位φ_sを計算せよ。Siの比誘電率は11.9、Si中のアクセプター濃度は$1.10×10^{17}$ cm^{-3}、空乏層幅は100 nmとする。[0.836 V]

コラム	エジソンの言葉

- ★ 私たちの最大の弱点は諦めることにある。成功するのに最も確実な方法は、常にもう一回だけ試してみることだ。
- ★ ほとんどすべての人間は、もうこれ以上アイデアを考えるのは不可能だというところまで行きつき、そこでやる気をなくしてしまう。勝負はそこからだというのに。
- ★ 成功できる人というのは、「思い通りに行かない事が起きるのはあたりまえ」という前提を持って挑戦している。
- ★ 悩みの解決には、仕事が一番の薬だ。
- ★ 成功に不可欠なのは、自分の力を一点に集中することである。

第11章

磁性体

磁気モーメント

　鉄原子のまわりの電子は、軸を中心として自転するようなイメージのスピン運動をしている。このスピンによって生じる「**磁気モーメント**」（図に示す矢印）によって**磁性**が発現する。電子の回転の向きで、NとSの磁石ができるようなものである。たとえとして、地球が自転して北極と南極に S と N の磁石ができているようなイメージを思い浮かべてもらうとよいだろう。

　実際の物質中には、原子が多数あるので、そのまわりの電子も多数ある。何もしない状態では、図に示すように磁気モーメントの向きは、ばらばらであるが、外側から磁場をかけると、ある方向にそろえることができる。そして、そのあと磁場をかけるのをやめても、そのままにとどまる。このような物質を**強磁性体**という。原子レベルから磁気モーメントがそろって、実際に磁石のように N と S ができるのである。

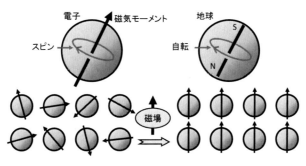

★　磁気モーメント

磁気関連の単位

　磁気関連の単位を表わす際に、***E-B*対応**と***E-H*対応**があり、注意を要する。本書では、*E-B*対応を使用している。**磁束密度*B***は、磁束の単位面積の面密度で、[T]もしくは[Wb m^{-2}]で表わす。**磁場強度*H***は、[A m^{-1}]で表わし、1 [H] = 1 [Wb A^{-1}]である。**透磁率** μ_0 [H m^{-1}]は、以下の式の比例定数である。

$$B = \mu_0 H \tag{11.1}$$

　磁気モーメントμ は、磁石の強さを表す量で、*E-B*対応では、 [J T^{-1}]、*E-H*対応では、[Wb m]である。また**ボーア磁子**μ_B [J T^{-1}]は次式のようになり、自由電子の**スピン磁気モーメント**とほぼ同じである。

$$\mu_\text{B} = \frac{e\hbar}{2m_0} \tag{11.2}$$

★　磁気関連単位換算

量	記号	SI単位 E-B対応 $B = \mu_0 (H + M)$	MKSA単位 E-H対応 $B = \mu_0 H + I$	SI単位への の 変換係数	cgs-Gauss $B = H + 4\pi M$	SI単位への 変換係数
磁束密度	B	T, Wb m^{-2}	T, Wb m^{-2}	1	G	10^{-4}
磁束	Φ	Wb	Wb	1	Mx	10^{-8}
起磁力	V_m	A	A	1	Gb	$10/4\pi$
磁界、磁場	H	A m^{-1}	A m^{-1}	1	Oe	$10^3/4\pi$
(体積)磁化	M	A m^{-1}, J T^{-1} m^{-3}	Wb m^{-2}	$1/\mu_0$	emu cm^{-3}	10^3
磁気モーメント	μ	J T^{-1},　A m^2	Wb·m	$1/\mu_0$	emu	10^{-3}
磁化率	χ	—	H m^{-1}	$1/\mu_0$	emu cm^{-3}·Oe	4π
真空の透磁率	μ_0	H m^{-1}	H m^{-1}	1	1	$4\pi \times 10^{-7}$

 ## 磁性体の種類

　磁性体の種類を図に示す。磁気モーメントの方向で、常磁性体、反磁性体、強磁性体、フェリ磁性体の4つの磁性体に分類できる。

　物質が磁化して磁場を持ったときに、物質が持つ単位体積あたりの磁気モーメントのことを**磁化 M** という。ある場所の磁化 M は、そこの周囲に物質が何もない真空であったと仮定した際の磁場 H_0 （= B/μ_0）から実際に観測された磁場 H を差し引いたものである。

$$M = \frac{B}{\mu_0} - H \tag{11.3}$$

　強磁性体以外の磁性体では、磁化 M は磁場 H に比例し、その比例定数は、**磁化率 χ_m** であり、χ_m は無次元量である。

$$M = \chi_\text{m} H \tag{11.4}$$

　ここで表のように、$\chi_\text{m} > 0$ で常磁性体、$\chi_\text{m} < 0$ で反磁性体である。

　図に磁性体中の磁気モーメントの配列の様子を示す。常磁性体や反磁性体では、外部磁界に対応して、最初ランダムであった磁気モーメントが、磁界に平行もしくは反平行に配列する。強磁性体やフェリ磁性体では、磁界の方向に磁気モーメントが配列し、磁界がなくなってもそのまま固定化され、**自発磁化**が残る。

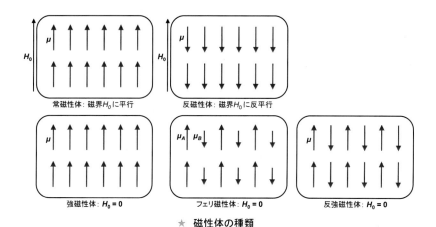

★　磁性体の種類

★　磁化率

磁性	典型的な χ_m 値	温度依存性	磁場依存性
反磁性	-1×10^{-6}	なし	なし
常磁性	0 から 10^{-2}	減少	なし
強磁性	10^{-2} から 10^{6}	減少	あり
反強磁性	0 から 10^{-2}	増加	あり

電子スピンによる磁性

　原子では、2つずつ対となる電子が電子軌道に存在する。対になる電子は、各電子のスピンをお互いに打ち消しあうため、外部から見て磁気は発生しない。例えばHe原子は、1s軌道に2つの電子が入って対になっているので磁性は生じない。水素原子は、1s軌道に電子が1つしかなく、単独の原子では**不対電子**であるために磁性を生じる。

　一方、He原子がHe$^+$イオンになると、1sに不対電子があるため磁性が生じる。また、水素原子もH_2水素分子になれば、共有結合の1s電子が、お互いの1s軌道を埋め合うため対となり、磁性は生じない。水素分子H_2が酸素原子Oと化合した水分子H_2Oも、水素原子の1s軌道が少し曲がっただけで磁性は生じない。

　遷移金属においては、d軌道のt_{2g}軌道とe_g軌道の分裂から、**高スピン状態か低スピン状態**になる。外殻電子数が4〜7個 の場合、スピンを平行にそろえる**フント則**と、反平行スピンで低エネルギーのt_{2g}軌道を占めようとする**結晶場エネルギー**との競合で、高スピン状態もしくは低スピン状態が基底状態になる。温度上昇で、基底状態が低スピン状態から高スピン状態へ変化するのが**スピンクロスオーバー**である。

★ 基底状態の中性原子の外殻電子配置

H¹																	He²
1s																	1s²
Li³	Be⁴			s, p, d, f：ℏを単位とする軌道角モーメントをもつ電子								B⁵	C⁶	N⁷	O⁸	F⁹	Ne¹⁰
2s	2s²			左側数字：軌道の主量子数								2s²2p	2s²2p²	2s²2p³	2s²2p⁴	2s²2p⁵	2s²2p⁶
Na¹¹	Mg¹²			右肩上数字：軌道の電子数								Al¹³	Si¹⁴	P¹⁵	S¹⁶	Cl¹⁷	Ar¹⁸
3s	3s²											3s²3p	3s²3p²	3s²3p³	3s²3p⁴	3s²3p⁵	3s²3p⁶
K¹⁹	Ca²⁰	Sc²¹	Ti²²	V²³	Cr²⁴	Mn²⁵	Fe²⁶	Co²⁷	Ni²⁸	Cu²⁹	Zn³⁰	Ga³¹	Ge³²	As³³	Se³⁴	Br³⁵	Kr³⁶
		3d	3d²	3d³	3d⁵	3d⁵	3d⁶	3d⁷	3d⁸	3d¹⁰	3d¹⁰						
4s	4s²	4s²	4s²	4s²	4s	4s²	4s²	4s²	4s	4s	4s²	4s²4p²	4s²4p²	4s²4p³	4s²4p⁴	4s²4p⁵	4s²4p⁶
Rb³⁷	Sr³⁸	Y³⁹	Zr⁴⁰	Nb⁴¹	Mo⁴²	Tc⁴³	Ru⁴⁴	Rh⁴⁵	Pd⁴⁶	Ag⁴⁷	Cd⁴⁸	In⁴⁹	Sn⁵⁰	Sb⁵¹	Te⁵²	I⁵³	Xe⁵⁴
		4d	4d²	4d⁴	4d⁵	4d⁵	4d⁶	4d⁷	4d⁸	4d¹⁰	4d¹⁰						
5s	5s²	5s²	5s²	5s	5s	5s²	5s	5s		5s	5s²	5s²5p	5s²5p²	5s²5p³	5s²5p⁴	5s²5p⁵	5s²5p⁶
Cs⁵⁵	Ba⁵⁶	La⁵⁷	Hf⁷²	Ta⁷³	W⁷⁴	Re⁷⁵	Os⁷⁶	Ir⁷⁷	Pt⁷⁸	Au⁷⁹	Hg⁸⁰	Tl⁸¹	Pb⁸²	Bi⁸³	Po⁸⁴	At⁸⁵	Rn⁸⁶
			4f¹⁴														
		5d	5d²	5d³	5d⁴	5d⁵	5d⁶	5d⁹	5d⁹	5d¹⁰							
6s	6s²	6s²	6s²	6s²	6s²	6s²	6s²	6s	6s	6s	6s²	6s²6p	6s²6p²	6s²6p³	6s²6p⁴	6s²6p⁵	6s²6p⁶
Fr⁸⁷	Ra⁸⁸	Ac⁸⁹															
		3d															
7s	7s²	7s²															

Ce⁵⁸	Pr⁵⁹	Nd⁶⁰	Pm⁶¹	Sm⁶²	Eu⁶³	Gd⁶⁴	Tb⁶⁵	Dy⁶⁶	Ho⁶⁷	Er⁶⁸	Tm⁶⁹	Yb⁷⁰	Lu⁷¹
4f²	4f³	4f⁴	4f⁵	4f⁶	4f⁷	4f⁷	4f⁸	4f¹⁰	4f¹¹	4f¹²	4f¹³	4f¹⁴	4f¹⁴
						5d	5d						5d
6s²	6s²	6s²	6s²	6s²	6s²	6s²	6s²	6s²	6s²	6s²	6s²	6s²	6s²
Th⁹⁰	Pa⁹¹	U⁹²	Np⁹³	Pu⁹⁴	Am⁹⁵	Cm⁹⁶	Bk⁹⁷	Cf⁹⁸	Es⁹⁹	Fm¹⁰⁰	Md¹⁰¹	No¹⁰²	Lr¹⁰³
—	5f²	5f³	5f⁵	5f⁶	5f⁷								
6d²	6d	6d				6d							
7s²	7s²	7s²	7s²	7s²	7s²	7s²							

★ 遷移金属イオンの磁気モーメントの実測値と計算値

イオン	不対電子数	μ_S (計算値)	μ_{S+L} (計算値)	μ (実測値)
V^{4+}	1	1.73	3.00	～1.8
V^{3+}	2	2.83	4.47	～2.8
Cr^{3+}	3	3.87	5.20	～3.8
Mn^{2+}	5 (高スピン)	5.92	5.92	～5.9
Fe^{3+}	5 (高スピン)	5.92	5.92	～5.9
Fe^{2+}	4 (高スピン)	4.90	5.48	5.1-5.5
Co^{3+}	4 (高スピン)	4.90	5.48	～5.4
Co^{2+}	3 (高スピン)	3.87	5.20	4.1-5.2
Ni^{2+}	2	2.83	4.47	2.8-4.0
Cu^{2+}	1	1.73	3.00	1.7-2.2

★ 八面体配位金属原子のd電子配置

電子数	低スピン Δ>P		高スピン Δ<P		低スピン軌道エネルギー利得	例
	t_{2g}	e_g	t_{2g}	e_g		
1	↑		↑			V^{4+}
2	↑ ↑		↑ ↑			Ti^{2+}, V^{3+}
3	↑ ↑ ↑		↑ ↑ ↑			V^{2+}, Cr^{3+}
4	↑↓ ↑ ↑		↑ ↑ ↑	↑	Δ	Cr^{2+}, Mn^{3+}
5	↑↓ ↑↓ ↑		↑ ↑ ↑	↑ ↑	2Δ	Mn^{2+}, Fe^{3+}
6	↑↓ ↑↓ ↑↓		↑↓ ↑ ↑	↑ ↑	2Δ	Fe^{2+}, Co^{3+}
7	↑↓ ↑↓ ↑↓	↑	↑↓ ↑↓ ↑	↑ ↑	Δ	Co^{2+}
8	↑↓ ↑↓ ↑↓	↑ ↑	↑↓ ↑↓ ↑↓	↑ ↑		Ni^{2+}
9	↑↓ ↑↓ ↑↓	↑↓ ↑	↑↓ ↑↓ ↑↓	↑↓ ↑		Cu^{2+}
10	↑↓ ↑↓ ↑↓	↑↓ ↑↓	↑↓ ↑↓ ↑↓	↑↓ ↑↓		Zn^{2+}

反磁性

　反磁性とは、磁場をかけたとき、物質が磁場の逆向きに磁化され、負の磁化率をもち、磁石に反発する方向に生じる磁性である。反磁性体は自発磁化をもたず、磁場をかけた場合にのみ、反磁性の性質が現れる。

　内殻電子を含む原子中の対になった電子は、必ず弱い反磁性となるため、あらゆる物質は反磁性である。ただ反磁性は非常に弱いため、強磁性や常磁性といったスピンによる磁性を持つ物質では、隠れて目立たない。差し引いた結果として反磁性が現れている物質のことを反磁性体と呼んでいる。不対電子が存在しない場合、弱い反磁性となるが、不対電子によるスピンが存在する物質は、常磁性や強磁性が強く現れる。

　反磁性の性質を示す代表的な物質として水や銅、木など、また石油やプラスチックなど有機物も反磁性を示す。さらに水銀や金、ビスマスのように内殻電子の多い重い金属にも反磁性を示すものもある。

　反磁性体は、1 より小さい透磁率と、0 より小さい磁化率をもつ。そのため、磁場に反発するが、反磁性は非常に弱く、通常観察されることはない。水、一次元的熱分解グラファイト、ダイヤモンドの磁化率は、-9.05×10^{-6}、-4.0×10^{-4}、-4.0×10^{-5} であり、強い反磁性体でも、常磁性体や強磁性体の磁化率と比較すると非常に小さい磁化率である。標準状態で最も強い反磁性をもつ物質は、Bi（ビスマス）で、$\chi = -1.66 \times 10^{-4}$ である。通常は反磁性体と見えない物質でも、非常に強い磁場中では、反磁性が強く現れる。ラーモアの理論では、外部から磁界を印加したときに生じる電子のラーモアの歳差運動によって反磁性を説明している。

　超伝導体は、例外的に強い反磁性を示す。超伝導体内部から完全に磁場を排除するマイスナー効果のため、完全反磁性体で、$\chi = -1$ となる。

 常磁性

　常磁性とは、外部磁場が無いときには磁化を持たず、磁場を印加するとその方向に弱く磁化する磁性である。熱ゆらぎによるスピンの乱れが強く、自発的な配向が無い状態である。強磁性や反強磁性を示す場合でも、ある温度以上になると、スピンは互いにランダムな方向を向くようになり常磁性を示すようになる。この温度を強磁性ではキュリー温度 T_C、反強磁性ではネール温度 T_N という。

　常磁性の物質の磁化率 χ_m は温度 T に反比例する。これをキュリーの法則と呼び、比例定数 C はキュリー定数である。

$$\chi_m = \frac{C}{T} \tag{11.5}$$

常磁性体では、磁化 M によって、外部磁界 H_0 を打ち消すような**反磁化磁界** H_1 が生じる。

 ## 強磁性

強磁性体では、隣り合うスピンが同一の方向を向いて整列し、全体として大きな磁気モーメントを持ち、外部磁場が無くても**自発磁化**を持つ。室温で強磁性を示す単体の元素は、Fe、Co、Ni、Gd（< 18 ℃）のみである。

強磁性体は、キュリー温度以上では、スピンがそれぞれ無秩序な方向を向き整列しなくなり、常磁性を示すようになる。キュリー温度以上で磁化率 χ、絶対温度T、常磁性キュリー温度 T_C、キュリー定数 Cのとき、以下の**キュリー・ワイスの法則**が成り立つ。

$$\chi_m = \frac{C}{T - T_C} \tag{11.6}$$

重原子では、3d 軌道や4f 軌道に**不対電子**があるため、磁性が生じている場合が多く、その典型は、Feである。$^{26}Fe^{3+}$は、3d 軌道の1個と4s 軌道の2個の電子が欠けるため、3d軌道の5個の電子がすべて不対電子となる。これは受け入れ可能な電子が多い電子軌道の特徴であり、単純な s 軌道では対になればスピンを打ち消しあうが、d 軌道では5つの電子すべてが同じ方向のスピンを持ち強い磁性が生じる。3d 軌道に外殻電子を持つ原子がイオンになるとFe同様の強い磁性を持つ。これらのイオン原子を**磁気イオン**といい、$^{22}Ti^{3+}$、$^{24}Cr^{3+}$、$^{25}Mn^{2+}$がある。興味深いことに、d 軌道が閉殻となる10の半分の5がちょうど$^{26}Fe^{3+}$で、ここで磁性のピークとなり、あとはd 軌道に7個電子が入った$^{27}Co^{2+}$、8個入った$^{28}Ni^{2+}$、9個入った$^{29}Cu^{2+}$と続き、不対電子が減るごとに磁性は弱くなる。$^{30}Zn^{2+}$では、3d 軌道に電子10個すべて埋まるために不対電子が無くなり、磁性は発生しない。

原子や分子、イオン単体の場合ではなく、より大きな集団の場合、例えば磁気イオンがイオン結晶となれば、磁性は各磁気イオンに温存され、磁気は局在電子として発生する。

Feなどの強磁性体が、単なる金属のかたまりとなった場合は、金属特有の伝導電子が原子の間に漂い自由電子気体となっているため、不対電子が局在できず、そのために磁気は金属全体に広がった強磁性の電子伝導モデルの状態になる。

Feの自由イオン電子配置は、d^6s^2であるが、強磁性状態での平均不対電子数は2.2であり、電子配置は$d^{7.4}s^{0.6}$となっている。ここで、n_Bは有効磁子数で、単位体積中の構造式単位の数をNとして、$M_S(0) = n_B N \mu_B$で定義される。

★　強磁性結晶

物質	飽和磁化 M_S(G)		n_B(0 K) / 化学式	強磁性 キュリー温度 (K)
	室温	0 K		
Fe	1707	1740	2.22	1043
Co	1400	1446	1.72	1388
Ni	485	606	0.606	627
Gd	—	2060	7.63	292
Dy	—	2920	10.2	154
MnAs	670	870	3.4	318
MnBi	620	680	3.52	630
MnSb	710	—	3.5	587
CrO_2	515	—	2.03	386
$MnOF_2O_3$	410	—	5.0	573
$FeOF_2O_3$	480	—	4.1	858
$NiOF_2O_3$	270	—	2.4	858
$CuOF_2O_3$	135	—	1.3	728
$MgOF_2O_3$	110	—	1.1	713
EuO	—	1920	6.8	69
$Y_3Fe_5O_{12}$	130	200	5.0	560

自発磁化と飽和磁化

　通常の物質は、磁石につかなくても、周囲に磁場が無くても、原子レベルでは磁気モーメントを持っている。常磁性体では、それぞれの原子で磁気モーメントの向きがランダムなので、物体全体としてはそれらが打ち消しあって磁化が0であるように見える。ここに磁場をかけると磁気モーメントの向きが磁場と同じ方向にそろい、磁化が生じる。

　強磁性体では、隣り合った原子間に、磁気モーメントの向きをそろえようとする相互作用が働いている。そのため、各原子の磁気モーメントの向きが自発的にそろい、磁場をかけなくても磁化をもち、これを自発磁化という。この磁気モーメントがそろっている領域は、光学顕微鏡で確認できる程度の大きさであり磁区と呼ばれる。磁区と磁区の間は、磁壁という徐々に自発磁化の向きが移り変わる領域で隔てられている。物質内のそれぞれの磁区の持つ磁化の向きはランダムに異なっているため、磁場をかける前の状態では、磁化は物質全体で見ると0となる。透過型電子顕微鏡を使用すれば、ローレンツ顕微鏡法により磁区構造を直接観察でき、電子線ホログラフィーにより画像処理後に磁束や電場の直接観察が可能である。

　磁場をかけると磁場に沿った磁化を持つ磁区が拡大し、それ以外の磁区が縮小するように磁壁が移動する。その結果磁場に沿った磁化が打ち消されなくなり、物質全体として見ても磁化が生じる。

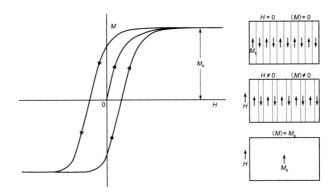

★ 強磁性体の磁化曲線、磁区構造と磁化

　ある程度より強い磁場をかけると物質内がただ1つの磁区となるため、それ以上磁化が増えなくなる。この時の磁化を**飽和磁化**という。

　強磁性体では一度かけた磁場をなくしても、最初の磁化がない状態には戻らず磁化が残り、**残留磁化**と呼び、この性質を**磁気ヒステリシス**という。物質の温度が上がると、磁気モーメントをそろえる効果よりもランダムな熱振動のほうが大きくなり、自発磁化は消えてしまう。この温度を**キュリー温度** T_C という。

　永久磁石は、強磁性体に残留磁化を持たせたもので、磁気テープはこの残留磁化の向きで情報を記録している。また、磁鉄鉱のような鉱物はマグマから冷却して生成するときに地磁気によって磁化されるので、この残留磁化を調べれば、古代の大陸移動の様子を知ることができる。

反強磁性

　反強磁性体は、隣り合うスピンがそれぞれ逆方向に整列し、全体として磁気モーメントを持たない物質である。金属イオンの半数ずつのスピンが互いに逆方向となるため**反強磁性**を示す。

　代表的な物質として、絶縁体では酸化マンガン（MnO）や酸化ニッケル（NiO）などがある。**巨大磁気抵抗**（GMR）効果を示すスピンバルブに応用されている。

　反強磁性体も強磁性体同様、熱ゆらぎによるスピンをランダムにしようとするエントロピー増大のため、ある温度以上になるとスピンはそれぞれ無秩序な方向を向き整列しなくなり、物質は常磁性を示すようになる。この転移温度を**ネール温度** T_N という。ネール温度以上での磁化率は、磁化率 χ、絶対温度 T、常磁性キュリー温度 T_C、キュリー定数 C のとき、近似的にキュリー・ワイスの法則で表すことができる。

$$\chi_m = \frac{C}{T+T_C} \tag{11.7}$$

★　反強磁性結晶

物質	常磁性イオン格子	転移温度 $T_N(K)$	キュリー温度 $T_C(K)$	$\dfrac{T_C}{T_N}$	$\dfrac{\chi(0)}{\chi(T_N)}$
MnO	面心立方	116	610	5.3	2/3
MnS	面心立方	160	528	3.3	0.82
MnTe	六方層状	307	690	2.25	
MnF$_2$	体心正方	67	82	1.24	0.76
FeF$_2$	体心正方	79	117	1.48	0.72
FeCl$_2$	六方層状	24	48	2.0	<0.2
FeO	面心立方	198	570	2.9	0.8
CoCl$_2$	六方層状	25	38.1	1.53	
CoO	面心立方	291	330	1.14	
NiCl$_2$	六方層状	50	68.2	1.37	
NiO	面心立方	525	~2000	~4	
Cr	体心正方	308			

 鉄酸化物の磁性

　鉄は代表的な磁性体であり、鉄酸化物も組成により様々な磁性を示す。次表にFe酸化物の磁性と構造、応用等をまとめて示す。

★　Fe酸化物の磁性と応用

FeO$_x$	磁性	構造	転移温度 (°C)	飽和磁化 M_S (G)	σ_S (emu g^{-1})	形状	応用
α-Fe	強磁性	体心立方	T_C = 770	1740	218	白色光沢金属	構造材、磁性材料
FeO	反強磁性	立方晶 NaCl 型	T_N = -75	—		黒色粉末	[不安定]
Fe$_3$O$_4$	フェリ磁性	立方晶逆スピネル型	T_C = 585	510	95	黒色粉末	永久磁石（天然磁鉄鉱）
α-Fe$_2$O$_3$	反強磁性	三方晶コランダム型	T_N = 675	—		赤色結晶	顔料、研磨材
γ-Fe$_2$O$_3$	フェリ磁性	立方晶欠陥スピネル型	400～700	≈450	95	針状結晶	磁気テープ、磁性材

 二準位系

　図に示すように、ある系に磁界を印加したとき、最初の状態から変化して、二つのエネルギー状態に分裂する場合があり、二準位系という。

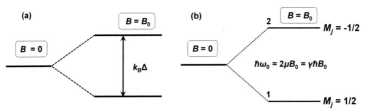

★　(a) 磁界印加で形成された二準位系 (b) 静磁場B_0でスピンI =1/2の原子核の準位の分裂

磁界印加だけではなく、光照射などにより、エネルギー準位が分裂する場合もある。二準位間の遷移には、エネルギー $h\nu$ をもつ光子の吸収・放出を伴う。

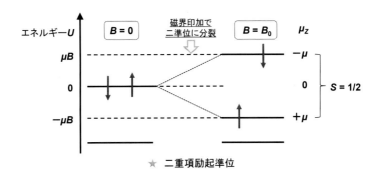

★ 二重項励起準位

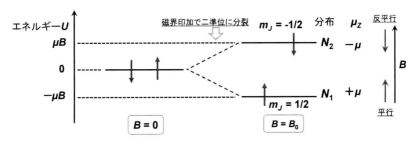

★ 電子だけから構成されるスピン系に磁界を印加したときのエネルギー準位の分裂

電子だけから構成されるスピン系 $S = 1/2$ に磁界をかけると、電子スピン↑と↓に対応し、エネルギー準位が分裂する。分裂前のエネルギーを0とすると分裂後のエネルギー U は、次のようになる。

$$U = m_{\mathrm{J}} g \mu_{\mathrm{B}} B \tag{11.8}$$

ここで、軌道磁気モーメントをもたない1個のスピンでは、**方位量子数** $m_{\mathrm{J}} = \pm 1/2$、**分光学的分裂因子（ランデのg因子）** $g = 2.0023$ である。

g因子は、粒子や原子核の磁気モーメントμと、それに対応する**角運動量量子数**と対応する磁気モーメントの量子単位（ボーア磁子や核磁子など）を結びつける無次元量の比例定数である。g因子の値は、それぞれ、電子 $g_{\mathrm{e}} = 2.0023$、中性子 $g_{\mathrm{n}} = -3.8261$、陽子 $g_{\mathrm{p}} = 5.5857$、μ粒子 $g_{\mu} = 2.0023$ である。原子核を回る軌道上の電子の全角運動量Jのうち、**スピン角運動量** S を除く部分は、**軌道角運動量** L である。

二準位系でのエネルギーが低い準位(N_1)と高い準位(N_2)の電子分布は、全電子数を$N = N_1+N_2$として、以下のようになる。

$$\frac{N_1}{N} = \frac{\exp\left(\frac{\mu B}{k_\mathrm{B}T}\right)}{\exp\left(\frac{\mu B}{k_\mathrm{B}T}\right)+\exp\left(-\frac{\mu B}{k_\mathrm{B}T}\right)} \tag{11.9}$$

$$\frac{N_2}{N} = \frac{\exp\left(-\frac{\mu B}{k_\mathrm{B}T}\right)}{\exp\left(\frac{\mu B}{k_\mathrm{B}T}\right)+\exp\left(-\frac{\mu B}{k_\mathrm{B}T}\right)} \tag{11.10}$$

三重項励起準位

普通の分子内では、同じ軌道を回って対を作っている2個の電子は、互いに逆スピンで打ち消し合い、スピン量子数 $S = 0$ となっている。スピンを打ち消す相手がいない電子は、不対電子である。分子内に不対電子が1個ある時は、全スピン量子数 $S = 1/2$ となる。原子や分子の全電子のスピン量子数Sの合計が、$S = 0$の場合を**一重項**、$S = 1/2$の場合を**二重項**、そして$S = 1$の場合を**三重項**という。

図に示すように一重項基底状態（$S = 0$）より、エネルギーが $k_\mathrm{B}\Delta$ だけ高い位置に、三重項励起状態（$S = 1$）が存在する系を考える。温度 T で磁界を印加したとき、三重項励起状態は、3個の準位に分裂する。

系が磁束密度Bの磁界中に置かれ、図に示すように準位が分裂したとき、基底状態に対する占有確率は、上の準位から順に次のようになる。μ は磁気双極子モーメントである。

$$\exp\left(-\frac{k_\mathrm{B}\Delta+\mu B}{k_\mathrm{B}T}\right),\ \exp\left(-\frac{k_\mathrm{B}\Delta}{k_\mathrm{B}T}\right),\ \exp\left(-\frac{k_\mathrm{B}\Delta-\mu B}{k_\mathrm{B}T}\right) \tag{11.11}$$

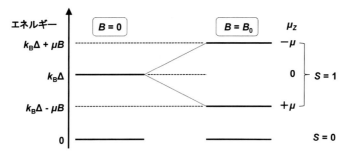

★　電子だけから構成されるスピン系に磁界を印加したときのエネルギー準位の分裂

磁気双極子モーメントの平均値 $\langle \mu \rangle$ は、次式のようになり、磁化は $M = n\langle \mu \rangle$ である。

$$\langle \mu \rangle = \mu \frac{\exp\left(-\frac{k_{\mathrm{B}}\Delta - \mu B}{k_{\mathrm{B}}T}\right) - \exp\left(-\frac{k_{\mathrm{B}}\Delta + \mu B}{k_{\mathrm{B}}T}\right)}{1 + \exp\left(-\frac{k_{\mathrm{B}}\Delta - \mu B}{k_{\mathrm{B}}T}\right) + \exp\left(-\frac{k_{\mathrm{B}}\Delta}{k_{\mathrm{B}}T}\right) + \exp\left(-\frac{k_{\mathrm{B}}\Delta + \mu B}{k_{\mathrm{B}}T}\right)} \tag{11.12}$$

 ## S = 1の常磁性

　スピン $S = 1$ の系において、磁気双極子モーメント μ、濃度 n のときの磁化 M を考える。磁界を印加すると縮退していた準位が3個に分裂する。この3個の相対的な占有確率は、上の準位から順に次のようになる。

$$\exp\left(-\frac{\mu B}{k_{\mathrm{B}}T}\right),\ 1,\ \exp\left(\frac{\mu B}{k_{\mathrm{B}}T}\right) \tag{11.13}$$

　よって磁化 M は、次のようになる。

$$M = n\langle \mu \rangle = n\mu \frac{\exp\left(\frac{\mu B}{k_{\mathrm{B}}T}\right) - \exp\left(-\frac{\mu B}{k_{\mathrm{B}}T}\right)}{1 + \exp\left(\frac{\mu B}{k_{\mathrm{B}}T}\right) + \exp\left(-\frac{\mu B}{k_{\mathrm{B}}T}\right)} = n\mu \frac{2\sinh\left(\frac{\mu B}{k_{\mathrm{B}}T}\right)}{1 + 2\cosh\left(\frac{\mu B}{k_{\mathrm{B}}T}\right)} \tag{11.14}$$

 ## 光化学反応

　光化学反応では、基底状態にある分子が光子 $h\nu$ を吸収し、エネルギーの高い**励起状態**（*で示す）になる。光を吸収した分子のうち、どれくらいの分子が光反応を起こすに至ったかを示す指標が**量子収量** ϕ であり、ϕ ＝ 反応した分子数／吸収された光子数、である。光反応不活性な分子の場合は $\phi = 0$ であるが、写真フィルム上での感光反応では10の何乗にもなる。

　基底状態の分子（S_0）が光エネルギーを吸収すると、HOMO（最高占有分子軌道）の電子がLUMO（最低非占有分子軌道）へ遷移して励起される。励起状態には2種類あり、HOMOとLUMOのスピン状態が逆平行なものを**一重項励起状態**（S_1: Singlet）、平行なものを**三重項励起状態**（T_1: Triplet）とよぶ。一般に三重項状態のほうが、一重項状態より電子反発が少なく、より安定なエネルギー準位にある。一重項－三重項間の系間移動は**スピン反転**を伴うため一般に**禁制遷移**である。同じ多重度同士での系内移動に比べて起こる確率は非常に低い。

　電子の質量は原子核に比べ非常に小さいので、**電子遷移**はきわめて短時間（$< 10^{-16}$ s）に起こる。これは原子核振動の周期（$10^{-12}\sim10^{-14}$ s）より短いため、原子間の相対位置は電子遷移によりほとんど変化しない。これを**Franck-Condon原理**という。

三重項・一重項酸素

通常の酸素分子は、スピン1/2の不対電子を二つ持つため、全スピン量子数 $S = 1$ となる。酸素原子Oは、原子番号8で、電子は8個あり、1s軌道に2個、2s軌道に2個、2p軌道に4個入っている。酸素分子になると、酸素2個分となり、特に外側の2s軌道に4個、2p軌道に8個となる。この様子を図に示す。

通常の基底状態の酸素分子では、2つの $\pi*2p$ 軌道に電子1個ずつあり、全スピン量子数 $S = 1$ で、**三重項酸素** $^3O_2$ と呼ばれる。軌道に電子1個ある状態は**フリーラジカル**で、三重項酸素は2個の不対電子をもつビラジカルである。

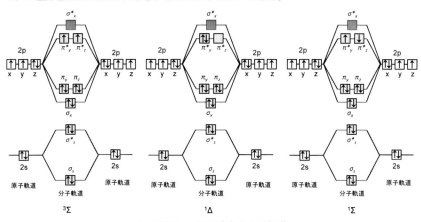

★ 三重項・一重項酸素の分子軌道

この状態に、紫外線などのエネルギーを与えると電子が励起される。酸素分子の $\pi*2p$ 軌道上の、不対電子2個のうち1個が励起され、スピンの向きが逆になり、もう一つの不対電子と対を作りスピンを互いにうち消し合い、エネルギーの高い励起された状態で全電子のスピン量子数 $S = 0$ の一重項状態になる。これが**一重項酸素**で、$^1O_2$ と記す。

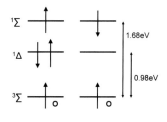

★ エネルギーレベル

酸素分子の励起一重項状態は2種類ある。2つある $\pi*2p$ 軌道にそれぞれ1個ずつの電子がある $^1\Sigma$ 状態と、$\pi*2p$ 軌道の一方のみに2個の電子がある $^1\Delta$ 状態である。$^1\Sigma$ より $^1\Delta$ の方がエネルギーが低いため、Σ は速やかに $^1\Delta$ 状態に遷移する。一重項酸素とは通常 $^1\Delta$ 状態を意味する。

　一重項酸素は、エネルギーが高く不安定な分子で、**活性酸素**とも呼ばれ、再び三重項酸素になる時に1.27 μmの近赤外線を発光する。一重項酸素を発生させるには、基底状態との差にあたるエネルギー1.68 eVを与えなければならないが、熱エネルギーとしては大きすぎ、光励起になる。図にπ^*2p 軌道上のスピンの向きと、エネルギーレベルの模式図を示す。しかし全スピン量子数Sが異なる状態間では、光による直接の遷移は禁制であり、ほとんど生じない。

　一重項酸素を発生させるには、ローズベンガルやメチレンブルーのような色素、フラーレンC_{60}（$E_g \sim 1.7$ eV）で吸収した光エネルギーを利用する。これら色素分子の三重項状態は、一重項酸素と三重項酸素とのエネルギー差とほぼ等しい励起エネルギーを持つ。これら色素を光励起し、項間交差により三重項状態に移行させる。この三重項状態の色素が三重項酸素と衝突すると電子とエネルギーの交換が起こり、色素が基底状態に戻ると同時に、三重項酸素が一重項酸素に遷移する。このような励起方法は**光増感法**と呼ばれ、用いられる色素は光増感剤と呼ばれる。

　生体内においても、紫外線を浴びたりすることにより体内の色素が増感剤の役目をして一重項酸素が発生することがある。一重項酸素は生体分子と反応してしまうので、生体はこれを除去する機構を備えている。生体内から一重項酸素を除去する物質には、β-カロテン、ビタミンB2、ビタミンC、ビタミンE、尿酸などがある。

核磁気共鳴

　核磁気共鳴（NMR：Nuclear Magnetic Resonance）は、外部静磁場に置かれた原子核が、固有の周波数の電磁波と相互作用する現象である。

　原子番号と質量数がともに奇数の原子核は、0でない**核スピン量子数** I と磁気双極子モーメントを持ち、その原子は小さな磁石と見なせる。磁場をかけると、原子核の磁気双極子モーメントが、磁場ベクトルの周りを**ラーモア周波数**で歳差運動する。この原子核に対して、ラーモア周波数と同じ周波数で回転する回転磁場をかけると、磁場と原子核の間に共鳴が起こる。この共鳴現象が核磁気共鳴である。

　磁場中に置かれた原子核は、磁場の強度に比例する一定のエネルギー差を持つ$2I+1$ 個のエネルギー状態をとる。このエネルギー差は、ラーモア周波数の光子の持つエネルギーと一致し、電磁波の吸収・放出が生じ、共鳴現象を検知できる。原子核のラーモア周波数が、原子の化学結合状態などで変化する**化学シフト**により、物質の分析手法として使われる。また、分子中の核スピンを**量子ビット**として、次世代の量子コンピューター材料として利用する研究も進められている。

　核磁気共鳴の**共鳴緩和時間**は、原子核の属する分子の運動状態を反映する。生体を構成している水分子の運動は、体液内や臓器内で異なるので、体内の様子をコンピューター断層撮影による磁気共鳴画像法で知ることができる。

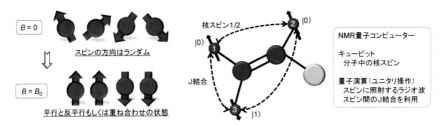

★　核磁気共鳴と分子核スピンによる量子ビットの可能性

★　核磁気モーメント

凡例（例：B¹¹）：
- 核スピンがゼロでない最大存在比の同位元素 → B^{11}
- 核スピン（$\hbar$単位） → 3/2
- 自然状態における存在比（%） → 81.17
- 核磁気モーメント（$e\hbar/2M_p c$単位） → 2.688

各セルの表記：元素記号（質量数）／核スピン／存在比（%）／核磁気モーメント

1	2	3	4	5	6	7	8	9	10	11	12	13	14	15	16	17	18
H^{1} 1/2 99.98 2.792																	He^{3} 1/2 10^{-6} -2.127
Li^{7} 3/. 92.57 3.256	Be^{9} 3/2 100 -1.177											B^{11} 3/2 81.17 2.688	C^{13} 1/2 1.108 0.702	N^{14} 1 99.64 0.404	O^{17} 5/2 0.04 -1.893	F^{19} 1/2 100 2.627	Ne^{21} 3/2 0.257 -0.662
Na^{23} 3/2 100 2.216	Mg^{25} 5/2 10.05 0.855											Al^{27} 5/2 100 3.639	Si^{29} 1/2 4.70 0.555	P^{31} 1/2 100 1.131	S^{33} 3/2 0.74 0.643	Cl^{35} 3/2 75.4 0.821	Ar
K^{39} 3/2 93.08 0.391	Ca^{43} 7/2^{-} 0.13 -1.315	Sc^{45} 7/2 100 4.749	Ti^{47} 5/2 7.75 -0.787	V^{51} 7/2 ~100 5.139	Cr^{53} 3/2 9.54 -0.474	Mn^{55} 5/2 100 3.461	Fe^{57} 1/2 2.245 0.090	Co^{59} 7/2 100 4.639	Ni^{61} 3/2 1.25 0.746	Cu^{63} 3/2 69.09 2.221	Zn^{67} 5/2 4.12 0.874	Ga^{69} 3/2 60.2 2.011	Ge^{73} 9/2 7.61 -0.877	As^{75} 3/2 100 1.435	Se^{77} 1/2 7.50 0.533	Br^{79} 3/2 50.57 2.099	Kr^{83} 9/2 11.55 -0.967
Rb^{85} 5/2 72.8 1.348	Sr^{87} 9/2 7.02 -1.089	Y^{89} 1/2 100 -0.137	Zr^{91} 5/2 11.23 -1.289	Nb^{93} 9/2 100 6.144	Mo^{95} 5/2 15.78 -0.69	Tc	Ru^{101} 5/2 16.98 -0.69	Rh^{103} 1/2 100 0.088	Pd^{105} 5/2 22.23 -0.57	Ag^{107} 1/2 51.35 -0.113	Cd^{111} 1/2 12.86 -0.592	In^{115} 9/2 95.84 5.507	Sn^{119} 1/2 8.68 -1.041	Sb^{121} 5/2 57.25 3.342	Te^{125} 1/2 7.03 -0.882	I^{127} 5/2 100 2.794	Xe^{129} 1/2 26.24 -0.773
Cs^{133} 7/2 100 2.564	Ba^{137} 3/2 11.32 0.931	La^{139} 7/2 99.9 2.761	Hf^{177} 7/2 18.39 0.61	Ta^{181} 7/2 100 2.340	W^{183} 1/2 14.28 0.115	Re^{187} 5/2 62.93 3.176	Os^{189} 3/2 16.1 0.651	Ir^{193} 3/2 61.5 0.17	Pt^{195} 1/2 33.7 0.600	Au^{197} 3/2 100 0.144	Hg^{199} 1/2 16.86 0.498	Tl^{205} 1/2 70.48 1.612	Pb^{207} 1/2 21.11 0.584	Bi^{209} 9/2 100 4.039	Po	At	Rn
Fr	Ra	Ac															

ランタノイド・アクチノイド：

Ce^{141}*	Pr^{141}	Nd^{143}	Pm	Sm^{147}	Eu^{153}	Gd^{157}	Tb^{159}	Dy^{163}	Ho^{165}	Er^{167}	Tm^{169}	Yb^{173}	Lu^{175}
7/2 — 0.16	5/2 100 3.92	7/2 12.20 -1.25		7/2 15.07 -0.68	5/2 52.23 1.521	3/2 15.64 -0.34	3/2 100 1.52	5/2 24.97 -0.53	7/2 100 3.31	7/2 22.82 0.48	1/2 100 -0.20	5/2 16.8 -0.677	7/2 97.40 2.9
Th	Pa	U	Np	Pu	Am	Cm	Bk	Cf	Es	Fm	Md	No	Lr

新規スピンエレクトロニクス材料

　量子の世界では、同じ物が二つの場所に同時に存在する不思議な現象が起こる。この量子状態を情報処理に応用すれば、一つの素子で同時に「0」と「1」を表す「量子ビット」となる。この量子ビットが50個あれば、2の50乗（約1000兆）個の状態が同時に表せる。さらに量子ビットがお互いに「量子もつれ状態」をコヒーレントに

保つ次世代のデバイスが量子コンピューターで、現在のスーパーコンピューターで解けない計算が可能となる。

　フント則によれば、スピンを同じ向きに並べて配置した方がエネルギー的に安定となる。つまり配置する電子数により、中のスピン状態を制御できるということである。2001年にIBMが試験管内の分子の核スピンを使い量子計算を行って、その結果をNMRで検出することに成功した。今後複数の量子が互いに関連を持つ**量子エンタングルメント**と**量子力学的アルゴリズム**を利用した系で、量子コンピューターが可能になる。

　この**量子コンピューター**実現のために、光子、電子スピン、核スピン、イオン、超伝導磁束、電荷、半導体励起子などを利用する方法が考えられている。具体的には、量子ドットや、Si原子核スピン、Al超伝導によるジョセフソン素子、ピーポッドナノチューブ、核磁気共鳴などにより、理論計算や実験が試みられている。究極的には、電子や原子一個ずつに量子ビットを割り当てるので、その非常に弱いスピンを計測・制御する技術が重要になる。また量子情報を読み込み、演算させ、読み出すシステム（**アーキテクチャー**）も必要となる。現在のSi半導体コンピューターはほぼ理論限界に到達しつつあるので、原理が全く異なる量子コンピューターの今後の発展が期待される。

　物質の電気抵抗率が磁場により変化する磁気抵抗効果は普通の金属では数％であるが、1 nm程度の強磁性薄膜（例えばCo）と非強磁性薄膜（例えばCu）を重ねた多層膜では、数十％以上の磁気抵抗比を示すものがある。このような現象を**巨大磁気抵抗効果**という。1987年にドイツのグリューンベルク、フランスのフェールによって発見され、2007年のノーベル物理学賞となっている。この効果は、多層膜の磁気構造が外部磁場によって変化するために生じる。磁気多層膜以外にも、**ペロブスカイト型マンガン酸化物**においても発見されている。この巨大磁気抵抗効果を応用して、磁気ヘッドが開発されハードディスクの容量が飛躍的に増大した。

演習問題

1. ボーア磁子の値 μ_B を計算せよ。[9.27×10^{-24} J T^{-1}]

2. 電子から構成されるスピン系（$S = 1/2$）に磁界（磁束密度 $B = 2.00$ T）を印加すると、電子スピンの向きに対応し、エネルギー準位が二つに分裂する。分裂前のエネルギーを0としたとき、分裂後のエネルギー準位の値 $U = m_J\, g\, \mu_B\, B$ を求めよ。方位量子数 m_J を $\pm1/2$、分光学的分裂因子 g を2.0023とする。[$\pm1.85\times10^{-23}$ J]

3. 量子コンピューターの量子ビットを制御するには、スピンの制御が必要である。図のような一重項基底状態（$S = 0$）より、エネルギーが$k_B\Delta = 1.81 \times 10^{-4}$ eVだけ高い位置に、3重項励起状態（$S = 1$）が存在するような

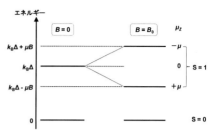

系がある。温度4.2 Kのときこの系に磁界（磁束密度1.51 T）を印加したとき3重項励起状態（S = 1）は、3個の準位に分裂する。①磁気双極子モーメントμがμ_Bの時、この系の磁気双極子モーメントの平均値$<\mu>$を計算せよ。②濃度3.0×10^{22} cm^{-3}のとき、磁化Mを求めよ。[9.6×10^{-25} J T^{-1}, 2.9×10^4 J T^{-1} m^{-3}]

4. 励起一重項酸素と三重項酸素のπ*2p 軌道電子スピンの向きを記せ。

5. 水の磁化率は、$\chi = -9.05 \times 10^{-6}$である。磁束密度$B = 1.00$ Tの時の、磁化 M を求めよ。[-7.2 A m^{-1}]

コラム　　　　　　　自然スピン 0 の粒子

　宇宙に存在する粒子はすべて、フェルミ粒子かボース粒子に分けられる。フェルミ粒子は、スピンが半整数で、陽子も中性子も電子もすべてスピン 1/2 でフェルミ粒子であり、我々の身の回りにある物質はすべてフェルミ粒子である。一方のボース粒子は、スピンが整数で、我々の身の回りでは、光子（フォトン）がスピン 1 のボース粒子である。

　ところが、スピン 0 の粒子が、理論的に予言されている。それがヒッグス粒子であり、素粒子に質量を与えるヒッグス場理論により登場した。2013 年 3 月 14 日には、スイス・ジュネーヴ郊外のフランスとの国境地帯にある、世界最大規模の素粒子物理学研究所である欧州原子核研究機構（CERN）において、ヒッグス粒子の存在が確かめられたことが伝えられ、2013 年のノーベル物理学賞となった。

　ヒッグス理論によれば、宇宙のはじまりでは、すべての素粒子は自由に動きまわることができ質量がなかった。しかし自発的対称性の破れにより真空に相転移が起こり、真空にヒッグス粒子が生じることによってほとんどの素粒子がそれに当たって抵抗を受けることになり、これが素粒子の動きにくさである質量となった。光子はヒッグス場からの抵抗を受けないため、相転移後の宇宙でも自由に動きまわることができ、現在でも質量がゼロのままである。

第12章

超伝導体

超伝導とマイスナー効果

　金属の温度を上げると電気伝導性は減少し、逆に温度を下げれば伝導性が上昇する。これは高温ではフォノンにより、伝導電子が散乱されるためである。温度をさらに極低温まで下げていくと、電気抵抗が急激にゼロになる物質があり、これが超伝導体で、無限大の電気伝導率を示す。

　物質が**超伝導**になる現象は、水が氷になるように、まったく新しい相へ移行する相転移現象である。この超伝導相に移り変わる温度を、**超伝導転移温度**（T_C）という。超伝導に転移する前は、**常伝導**という。液体窒素の沸点である77 K以上で超伝導になるものは、特に**高温超伝導体**と呼ばれる。

　超伝導体には、電気抵抗がゼロになる以外にも重要な現象がある。それは、物質内部から磁力線が排除される**完全反磁性**による**マイスナー効果**である。この反磁性により、**永久電流**が超伝導体中に発生する。

　電気抵抗がゼロになると永久電流と呼ばれる電流がずっと流れ続ける。普通は、どんな電線・銅線でも電気抵抗があり、長い距離で電流を流すと、だんだん電流が弱くなってしまいには消えてしまう。ところが超伝導では電気抵抗がゼロなので、一旦電流を流せば永久に消えずに、外から電力を供給しなくてもいいのである。

　二つ目のマイスナー効果を利用すれば、超伝導物質では磁力線が入りにくいので、そばに磁石をおけば浮き上がることになる。この反磁性を利用して、磁気浮上式リニアモーターカーや、国際熱核融合実験炉においても超伝導体による強力な電磁石で超高温高密度プラズマ閉じ込めを目指している。

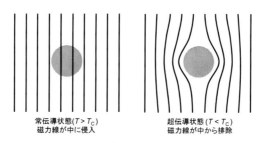

常伝導状態($T > T_C$)
磁力線が中に侵入

超伝導状態($T < T_C$)
磁力線が中から排除

★　超伝導体球のマイスナー効果

クーパー対

　超伝導では、電気抵抗がゼロになる。どのようにして電気抵抗がゼロになるのだろうか。普通の金属では、電子は自由電子として自由にばらばらに動いている。

ところが、超伝導状態では、2個の電子がペアになって運動する。これを**クーパー対**と呼ぶ。このとき、2個の電子のスピンの向きがそれぞれ反対である**反平行スピン**になっている。

　普通に考えれば、電子はマイナスの電荷をもっているので、マイナス同士になって反発するはずである。それがペアになるというのは、お互いを結びつける引力がはたらくからである。この引力をつくりだしているのは、原子がつくる結晶格子の振動であるフォノンであり、超伝導体の**エネルギーギャップ**の値である。

　金属にはエネルギーギャップがなく電流が流れるが、半導体に存在するエネルギーギャップが、超伝導体にも存在する。このギャップは非常に小さいものであり、そのエネルギーは、クーパー対を壊すのに必要なエネルギーである。電子はフェルミ粒子にもかかわらず、クーパー対は反平行スピンのために**ボース粒子**のように振る舞う。

　電子のペアである電子対は、ある程度距離が離れてもペアになっており、その距離を**コヒーレンス長** ξ という。コヒーレンスとは、複数の電子や光子が、すべて同じ量子状態をもっていて、あたかも一つのようにふるまうことで、量子力学に特徴的な現象である。コヒーレンス長は、超伝導転移温度（T_C）で、長さが無限大になり、永久電流が流れる。クーパー対は、電子の波動関数の空間位相が $k\uparrow$ と $-k\downarrow$ の電子対で打ち消し合い、超伝導体のどの位置でもゼロになっている。

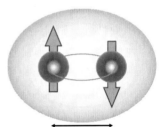

コヒーレンス長

★ クーパー対

BCS理論

　BCS理論は、Bardeen、Cooper、Schriefferによる超伝導の基礎理論である。前節で述べたクーパー対の概念はこの理論による。BCS理論では、次左図に示すように一つの電子が格子と相互作用し格子が歪み、右図の範囲にある第二の電子がこの格子の歪みを感じ、電子のエネルギーを低下するよう振る舞う。つまり**格子変形**を通して第二の電子が第一の電子と相互作用する。この電子－格子－電子相互作用によってエネルギーギャップが生じるのである。この格子振動のフォノンの振動周期は、$2\pi/\omega_D = 10^{-13}$ s 程度である。クーパー対を作るのは、フェルミ面の近傍の $k_B T_C$ 程度のエネルギー範囲にある電子である。クーパー対の**波動関数**が広がった体積には、例えば~10^6個という膨大な数の他のクーパー対が重なり存在する。

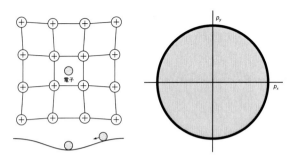

★ **結晶格子変形を媒介とした電子間引力と、超伝導（BCS）状態の黒い部分がクーパー対**

超伝導体には、若干磁力線が侵入し、それを**ロンドンの侵入深さ** λ_L といい、次の式で与えられる。

$$\lambda_L \approx (\varepsilon_0\, mc^2/ne^2)^{\frac{1}{2}} = (m/\mu_0 ne^2)^{\frac{1}{2}} \tag{12.1}$$

ロンドン方程式は空間的にゆっくり変化する磁場に対して得られ、磁束密度 $B = 0$ の完全反磁性、つまりマイスナー効果が現れる。ロンドン方程式は次のようになり、侵入方程式 $\nabla^2 B = B/\lambda_L{}^2$ により、電流密度 J のマイスナー効果を与える。

$$J = -\frac{c}{4\pi\lambda_L{}^2} A \tag{12.2}$$

ロンドン方程式の A または B は、コヒーレンス長 ξ の程度の範囲内で適当な重みで平均され、固有コヒーレンス長 ξ_0 は、キャリアのフェルミ速度を v_F として、次の式で与えられる。

$$\xi_0 = 2\hbar v_F/\pi E_g \tag{12.3}$$

ここで v_F は、例えば $\sim 10^8$ cm s^{-1} くらいの値である。一方、常伝導電子の**平均自由行程**は、l で表わす。また、超伝導体中の 10^{23} 個 cm^{-3} の電子のうち、クーパー対に参加している電子の数は、 10^{19} 個 cm^{-3} くらいである。

元素や合金の T_C は、$UD(\epsilon_F) \ll 1$ のとき次の式で表わされる。

$$T_C = 1.14\,\theta\, \exp[-1/UD(E_F)] \tag{12.4}$$

この式はフェルミ準位での一方向スピンの電子状態密度 $D(E_F)$ と**電子－格子相互作用** U を含み、この相互作用は電気抵抗から測定できる。θ は**デバイ温度**であり、定性的には T_C について合っている。この式から、室温で抵抗の高い物質ほど U が大きく、それを冷却したときに超伝導になりやすいというユニークな特性がでてくる。

エネルギーギャップ

超伝導状態では、エネルギーギャップ

$$E_g \approx 4k_B T_C \tag{12.5}$$

によってギャップの下の超伝導電子とギャップの上の常伝導電子とが隔てられている。このギャップは、比熱、赤外吸収、トンネル効果の実験で測定できる。

★ $T = 0$ での超伝導体のエネルギーギャップ

										Al	Si
						$E_g(0)$ $(10^{-4}$ eV$)$ $\longrightarrow$				3.4	
						$E_g(0)$ / $k_B T_C$ $\longrightarrow$				3.3	
Sc	Ti	V	Cr	Mn	Fe	Co	Ni	Cu	Zn	Ga	Ge
		16.0							2.4	3.3	
		3.4							3.2	3.5	
Y	Zr	Nb	Mo	Tc	Ru	Rh	Pd	Ag	Cd	In	Sn
		30.5	2.7						1.5	10.5	11.5
		3.80	3.4						3.2	3.6	3.5
La	Hf	Ta	W	Re	Os	Ir	Pt	Au	Hg	Tl	Pb
19.0		14.0							16.5	7.35	27.3
3.7		3.60							4.6	3.57	4.38

第二種超伝導体

超伝導体には、磁力線の強度への応答の違いから、第一種と第二種の超伝導体が存在する。**第一種超伝導体**のバルク試料では、臨界値 H_C を越える外部磁場を印加すると超伝導状態が破れ、常伝導状態に戻る。

第二種超伝導体は、二つの臨界磁場 （下部臨界磁場と上部臨界磁場）$H_{C1} < H_C < H_{C2}$ をもつ。H_{C1} と H_{C2} の間の領域では、磁束の渦糸状態が存在する。これは、下部臨界磁場以上の磁場を印加した場合に、量子化した磁束が超伝導体内部に侵入したもので、この**磁束格子**状態のときに磁束コア同士は互いに反発するため、多くの場合に最密構造の三角格子を形成する。純超伝導状態の安定化エネルギー密度は、第一種および第二種超伝導体のいずれも $H_C^2/8\pi$ である。第二種超伝導体では、磁力線の内部侵入を部分的に許すことで、高強度の磁力に対してマイスナー効果が発生する。第二種超伝導体では、**ピン止め効果**によりゼロ抵抗を維持しており、$\xi_0 < \lambda_L$ となる。ギンツブルグ-グーランダウ・パラメータ κ を、λ/ξ で定義する。臨界磁場は、次式のようになる。

$$H_{C1} \approx (\xi/\lambda)H_C \tag{12.6}$$

$$H_{C2} \approx (\lambda/\xi)H_C \tag{12.7}$$

また、高温超伝導体の下部臨界磁場 H_{C1}、上部臨界磁場 H_{C2} は次のようになる。

$$H_{C1} = \frac{\Phi_0}{4\pi\lambda^2}\cdot\ln\frac{\lambda}{\xi} \tag{12.8}$$

$$H_{C2} = \frac{\Phi_0}{2\pi\xi^2} \tag{12.9}$$

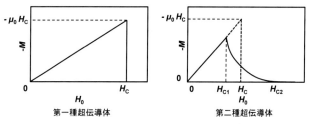

第一種超伝導体　　　　　第二種超伝導体

★　超伝導磁化曲線

★　超伝導転移温度と臨界磁場

凡例:
- 転移温度(K)
- 高圧下での転移温度(K)
- 0 K での臨界磁場 (G, 10^{-4} T)

1	2	3	4	5	6	7	8	9	10	11	12	13	14	15	16	17	18
Li	Be 0.026											B	C	N	O	F	Ne
Na	Mg											Al 1.190 / 105	Si* 6.7	P* 6.1	S*	Cl	Ar
K	Ca	Sc	Ti 0.39 / 100	V 5.38 / 1420	Cr*	Mn	Fe	Co	Ni	Cu	Zn 0.875 / 53	Ga 1.091	Ge* 5.4	As* 0.5	Se* 6.9	Br	Kr
Rb	Sr	Y* 2.7	Zr 0.546 / 47	Nb 9.50 / 1980	Mo 0.92 / 95	Tc 7.77 / 1410	Ru 0.51 / 70	Rh 325μ / .049	Pd	Ag	Cd 0.56 / 30	In 3.404 / 293	Sn 5.3 / 309	Sb* 3.6	Te* 4.5	I	Xe
Cs* 1.5	Ba* 5.1	La 6.00 / 11.0	Hf 0.12	Ta 4.483 / 830	W 0.012 / 1.07	Re 1.4 / 198	Os 0.655 / 65	Ir 0.14 / 19	Pt	Au	Hg 4.153 / 412	Tl 2.39 / 171	Pb 7.193 / 803	Bi* 3.9	Po	At	Rn
Fr	Ra	Ac															

Ce* 1.7	Pr	Nd	Pm	Sm	Eu	Gd	Tb	Dy	Ho	Er	Tm	Yb	Lu 0.7
Th 1.368 / 1.62	Pa 1.4	U* (α) 0.2	Np	Pu	Am	Cm	Bk	Cf	Es	Fm	Md	No	Lr

化合物	T_C (K)	化合物	T_C (K)
Nb_3Sn	18.3	V_3Ga	16.5
Nb_3Ge	23.2	V_3Si	17.1
Nb_3Al	17.5	$YBa_2Cu_3O_{6.9}$	90.0
NbN	16.0	MgB_2	39.0
C_{60}	19.2	Rb_2CsC_{60}	31.3

★　固有コヒーレンス長とロンドンの侵入深さの 0 K での計算値

金属	コヒーレンス長 ξ_0 (nm)	ロンドンの侵入深さ λ_L (nm)	λ_L/ξ_0
Sn	230	34	0.16
Al	1600	16	0.010
Pb	83	37	0.45
Cd	760	110	0.14
Nb	38	39	1.02

　超伝導体中に存在する磁束格子状態において、外部磁場の変化に対して磁束格子が追随して変化しない現象をピン止め効果という。材料的には、不純物、析出物などの欠陥を多く含む場合、磁束がこれらの欠陥に引っかかり動けなくなり、超伝導状態を維持できる。

　超伝導酸化物のコヒーレンス長は、Cu-O層に垂直な方向（c軸方向）に0.3 nm以下と大変短く、ほとんど電流が流れない。一方、Cu-O層に平行な方向には、数 nm程度である。このような、超伝導の種のようなクーパー対は、室温付近から見え始めるという報告もある。コヒーレンス長は、**超伝導エネルギーギャップ** E_g に反比例し、

$$\xi_0 \sim \frac{h\nu}{E_g} \tag{12.10}$$

となる。第二種超伝導体の特徴は、コヒーレンス長ξ_0が、磁場侵入長λ_Lよりずっと短い（$\xi_0 \ll \lambda_L$）点である。この場合、磁場中で金属全体の超伝導状態を破壊してしまうよりも、**磁束量子**（Φ_0）が超伝導体を貫通し、その部分のみで超伝導が壊れた状態の方が自由エネルギーが小さく安定化し、磁束格子状態、混合状態となる。この磁束の中心点では、E_gがゼロになっている。

ジョセフソン接合

　超伝導を利用した、デバイス（素子）として**ジョセフソン接合**がある。高い感度の電磁波の検出器、標準電圧発生装置、超高速の低消費電力コンピューター回路素子としての応用がある。ジョセフソン接合は、薄い絶縁体を2つの超伝導体ではさんだ接合である。超伝導体の間に絶縁体があるので、普通に考えれば電流が流れない。しかし、絶縁層がナノメートルレベルまで薄くなると、超伝導の電子対（クーパーペア）が、**量子トンネル効果**と呼ばれる現象で、電圧降下なしで絶縁体を通り抜けることが可能になり電流が流れる。

　ジョセフソン効果は、1962年に、当時ケンブリッジ大学の大学院生だったブライアン・ジョセフソンによって理論的に導かれた。このジョセフソン効果の理論的予

言で、ジョセフソンは1973年に33才でノーベル物理学賞を受賞し、ケンブリッジ大学キャベンディッシュ研究所の永年教授になった。この後、彼は心の物理学的研究に進んでいる。

　ジョセフソン接合の基本的な電流－電圧特性を図に示す。ゼロ電圧でも超伝導電流が流れる。$V = 0$ と $V \neq 0$ の間の遷移現象は、図のように理解できる。$V = 0$ から $V \neq 0$ への脱出は、クロスオーバー温度 T_0 よりも高温では**熱揺らぎ**（TA 過程）で、T_0 より低温では**巨視的量子トンネル**（MQT 過程）が支配的となる。**位相量子ビット**では、MQT が支配的な極低温でポテンシャル井戸内に形成される量子準位を量子ビットとして利用する。次世代量子コンピューターでは、量子ビットの実現が不可欠である。高温超伝導体のジョセフソン接合による量子ビットの形成により、非常に高い Q 値を持つ超伝導共振器内のフォトンと、ジョセフソン接合の量子ビットを相互作用させ、量子計算に必要な**量子エンタングルメント**の実現可能性がある。

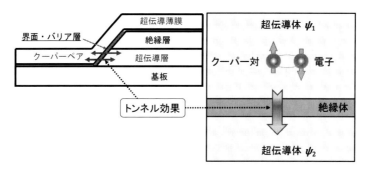

★ 超伝導体間に絶縁体を挿入したジョセフソン素子とクーパー対のトンネリング

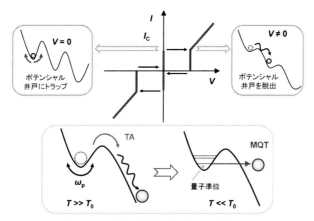

★ ジョセフソン接合の電流-電圧特性とポテンシャル

直流ジョセフソン効果では電圧 0 V で直流電流が流れ、**交流ジョセフソン効果**では、電圧 V をかけると角周波数 ω でプラズマ振動した交流電流となる。

$$\omega = \frac{2eV}{\hbar} \ [\text{rad s}^{-1}] \tag{12.11}$$

またデバイスにおいて、図に示す接合部をもつ**超伝導リング**が利用される。このとき超伝導リングを通る磁束は量子化され、その**磁束量子フラキソイド**は、次式のようになる。単位は[T m²]もしくは[Wb]である。BCS理論の結論として、対の電荷 2e で示される**磁束の量子化**が得られる。

$$\Phi_0 = \frac{\hbar}{2e} \tag{12.12}$$

2つの超伝導体の間に挟まれた絶縁体には、超伝導状態を表す**波動関数**の位相差に比例した電流が流れる。ミクロな波動関数という概念をマクロに観測できる。

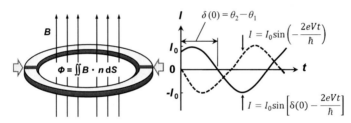

★ **超伝導リングと電流変化**

⬤ 超伝導酸化物とホール

超伝導体には様々な物質があり、まとめて表にして示す。その中でも**超伝導酸化物**は、最も高い T_c をもつため、様々な応用が期待されている。

超伝導酸化物は、**ペロブスカイト**と呼ばれる基本構造を持つ。この基本構造の組み合わせでさまざまな構造ができる。ペロブスカイトはCaTiO₃（灰チタン石）であり、ロシアのPerovskyにより発見された。ペロブスカイト型構造は、ABX₃（A、Bは陽イオン、Xは酸素などの陰イオン）の組成で表される結晶構造である。A、B、Xのイオン半径により立方晶、正方晶、斜方晶などのさまざまな構造ができる。

また、超伝導酸化物が従来の超伝導体と大きく違う点がある。それは、流れる電流のキャリアとなるのが、プラス電荷の**ホール**であることである。普通は、マイナスの電荷をもつ電子が電流を運んでいるのであるが、超伝導酸化物では、ホールが電流を運んでいることが多い。これは物質によって異なる。

★　様々な超伝導体と特徴

超伝導体	転移温度 T_c (K)	特徴
Al	1.2	ジョセフソン接合素子などへの利用
Hg	4.15	最初に発見された超伝導体
Pb	7.22	第一種超伝導体
Nb	9.25	単体超伝導としては最高の T_c
Nb_3Sn	18.3	A15 型構造の超伝導体
Nb_3Ge	23.2	A15 型構造の超伝導体
MgB_2	39	2 元化合物として最高の T_c
$La_{1.85}Sr_{0.15}CuO_4$	38	Cu 酸化物超伝導体
$YBa_2Cu_3O_7$	91	代表的な Cu 酸化物超伝導体
$HgBa_2Ca_2Cu_3O_8$	133	Cu 酸化物超伝導体・常圧最高 T_c
Sr_2RuO_4	1.3	La_2CuO_4 構造でスピン 3 重項超伝導
$Na_xCoO_2 \cdot yH_2O$	4.3	H_2O の量により変化
$CeCu_2Si_2$	1.9	重い電子系マルチバンド・フルギャップ超伝導
$CeCu_2Ge_2$	2.0	常圧で反強磁性体、高圧で超伝導体
$CeCoIn_5$	2.3	Cu 酸化物高温超伝導体と同様の層状構造
UPt_3	0.5	0.45 K に第 2 の超伝導転移点
UBe_{13}	0.9	重い電子系超伝導体・異方性超伝導
UPd_2Al_3	2	14.5 K 以下で反強磁性
$PuCoGa_5$	18	d-波超伝導体
$PuRhGa_5$	9	磁気関与型超伝導
UGe_2	0.6	強磁性体で圧力下で強磁性と共存する超伝導
$URhGe$	0.25	常圧で強磁性と共存する超伝導
UIr	0.14	常圧では強磁性で高圧で超伝導
Fe	1.7	1.5×10^9 Pa 以上で強磁性が消え超伝導
NaFeAs	25	反強磁性が消失し超伝導
$LaFeAsO_{0.89}F_{0.11}$	26	代表的な FeAs 系超伝導体
$SmFeAsO_{0.9}F_{0.1}$	55	F イオン置換による電子ドープ超伝導体
$Ba_{0.6}K_{0.4}Fe_2As_2$	38	非酸化物系
$Sm_{0.5}Sr_{0.5}FeAsF$	56	非酸化物系
CH_8S	287	267 GPa 水素化物　初の0℃以上の超伝導
LaH_{10}	250	210 GPa 高圧下　水素化物超伝導体
H_2S	203	150 GPa 高圧下　水素化物超伝導体
K_3C_{60}	19.3	C_{60} の最初の超伝導体
Cs_2RbC_{60}	33	C_{60} の化合物としては高い T_c
$(TMTSF)_2ClO_4$	1.4	ClO_4^- イオンが秩序化し超伝導
k-$(BEDT$-$TTF)_2Cu(NCS)_2$	10.4	BEDT-TTF 分子が 2 次元に配列
k-$(BEDT$-$TTF)_2Cu(N(CN)_2)Cl$	12.8	BEDT-TTF 分子が 2 次元に配列

　超伝導酸化物はさまざまなペロブスカイト型の積層構造を持ち、超伝導電流の経路は、そのなかの Cu-O 面であるとされている。代表的な超伝導酸化物は、T_C が 90 Kの Y（イットリウム）系銅酸化物と、110 K の Bi（ビスマス）系銅酸化物である。図に示したように、Cu-O 平面方向に、超伝導電流が流れることが知られている。

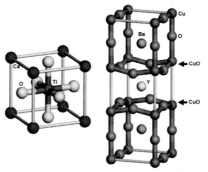

★　ペロブスカイト（$CaTiO_3$）と $YBa_2Cu_3O_7$ の構造モデル

代表的な超伝導酸化物の積層構造

　高温超伝導酸化物は、Hg、Tl、Bi、Pb などの重原子層が 1 層または 2 層からなる
ものが多い。そして、この重原子層に加えて、Cu-O 面の数層の組み合わせで、さま
ざまな構造ができる。

　Tl 系超伝導酸化物は、Hg 系についで、現在世界最高の T_C を持つ超伝導体である。
表に示すように、Tl 層が 1 層または 2 層が基本となり、Cu-O 面が 1～5 層までの組み
合わせがある。Tl 系超伝導酸化物の場合、Tl（タリウム）、Ba（バリウム）、Ca（カ
ルシウム）、Cu（銅）、O（酸素）からなるが、TlBaCaCu の順番で、Tl1234 や Tl2223
などのように、組成を略称で言うことも多い。T_C をみるとわかるように、層が増え
ていくと T_C も上がっていく。ただあるところで、臨界点があり、その後は減少する。

★ 構造と超伝導転移温度との関係

	Cu 層	T_C (K)	組成	略称
Cu1 層	2	92	$YBa_2Cu_3O_7$	YBCO
Tl1 層	1	0	$TlSr_2CuO_5$	Tl1201
	2	70	$TlBa_2CaCu_2O_7$	Tl1212
	3	107	$TlBa_2Ca_2Cu_3O_9$	Tl1223
	4	123	$TlBa_2Ca_3Cu_4O_{11}$	Tl1234
	5	101	$TlBa_2Ca_4Cu_5O_{11}$	Tl1245
Tl2 層	1	80	$Tl_2Ba_2CuO_6$	Tl2201
	2	114	$Tl_2Ba_2CaCu_2O_8$	Tl2212
	3	122	$Tl_2Ba_2Ca_2Cu_3O_{10}$	Tl2223
	4	112	$Tl_2Ba_2Ca_3Cu_4O_{12}$	Tl2234
Bi2 層 (Pb)	1	90	$Bi_2Sr_2CaCu_2O_8$	Bi2212
	2	122	$Bi_2Sr_2Ca_2Cu_3O_{10}$	Bi2223
	3	90	$Bi_2Sr_2Ca_3Cu_4O_{12}$	Bi2234
Hg1 層	1	96	$HgBa_2CuO_4$	Hg1201
	2	128	$HgBa_2CaCu_2O_6$	Hg1212
	3	135	$HgBa_2Ca_2Cu_3O_8$	Hg1223

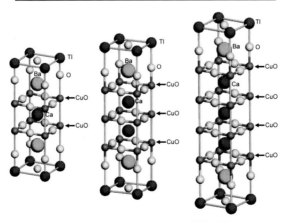

★ Tl1212、Tl1223、Tl1234 の構造モデル

シリコンクラスレートとMgB$_2$

　クラスレートは、他の元素をかご構造の中にとりこんだ構造である。半導体シリコンは、通常ダイヤモンド構造であるが、ここに示すシリコンクラスレートでは、シリコン（ケイ素）の Si$_{20}$ や Si$_{24}$ などのかご型ケージ構造ができ、その中に Ba、K、Na などの元素が入る。図に示すように、Ba$_8$Si$_{46}$ ではバリウム原子が、Si$_{20}$ と Si$_{24}$ のケージ構造の中に入っている。この Ba$_8$Si$_{46}$ は、8 K で超伝導になることが発見され、**熱電変換特性**や Si より大きな E_g などで注目されている。

　ニホウ化マグネシウム（MgB$_2$）超伝導体の T_C は 39 K で、構造が簡単な金属系材料なので、加工が簡単で強度も強い。超伝導酸化物は T_C は高いが、加工が難しくもろいので、MgB$_2$ で超伝導ケーブルの低コスト作製が可能になる。また液体ヘリウムを使用せず、冷凍機（20 K）で使用できる利点がある。これらの特性を活かせば、MRI 用のマグネットや核融合炉用マグネットなどへの応用が期待される。

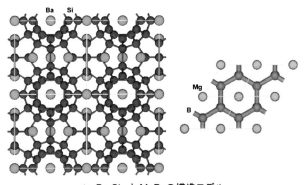

★ Ba$_8$Si$_{46}$ と MgB$_2$ の構造モデル

 ## 演習問題

1. 超伝導リングの中心を通る磁束量子の値 ϕ_0 を求めよ。[2.07×10^{-15} T m^2 or Wb]

2. Nbは9.5 Kで超伝導となり、ジョセフソン素子材料として使用される。キャリア濃度 $n = 1.86\times10^{22}$ cm^{-3}、電子の荷電、質量を用いて、ロンドンの侵入深さλ_Lを求めよ。[3.9×10^{-8} m]

3. Tl系高温超伝導酸化物の T_C は、123 Kである。エネルギーギャップ E_g の値をeV単位で計算せよ。[0.0424 eV]

4. Y系超伝導酸化物のエネルギーギャップが20.0 meV、キャリアのフェルミ速度が9.54×10^4 m s^{-1}のとき、クーパー対のコヒーレンス長ξを求めよ。[2.0 nm]

5. ジョセフソン接合は、超高速コンピューター、量子干渉計、量子コンピューターデバイスとしても研究されている。直流ジョセフソン効果では電圧0 Vで直流電流が流れ、電圧Vをかけると角周波数ωでプラズマ振動した交流電流となる。Y系超伝導酸化物ジョセフソン接合に、45 μVをかけた時のプラズマ角周波数を求めよ。[1.4×10^{11} rad s^{-1}]

コラム　　宇宙は超伝導？

　2004 年のノーベル物理学賞を受賞した、フランク・ウィルチェックの「物質のすべては光（早川書房）」という著書では、我々が住んでいる宇宙は、超伝導相の可能性が高いことが述べられている。

　超伝導体を外部磁場にさらすと、マイスナー効果により、超伝導体内部に磁場が侵入しないように、外部磁場を打ち消そうとする。そして同じ強さで向きが逆の磁場を自ら作りだす。その逆向きの磁場を作りだすのが永久電流なのである。

　このマイスナー効果は、通常の磁場だけでなく、量子揺らぎとして生じる磁場にも作用する。不確定性原理により、電磁場の擾乱である仮想光子が出現しようとする。しかし、我々の宇宙が超伝導体であるために、その量子揺らぎを打ち消そうと最善を尽くす結果、空間中の仮想光子は、極端に少ない数となり、実験値と一致する。彼は、これをグリッド超伝導と呼んでいる。このグリッド超伝導と通常の超伝導の比較は、以下の 4 つである。

① 発生頻度：通常の超伝導は、特殊な物質と 200 K 以下の低温が必要である。一方、グリッド超伝導は遍在し常に超伝導状態であり、理論的には 10^{16} K まで持続する。

② 規模：通常の超伝導体内部での光子の質量は、陽子の質量の 10^{-11} 倍程度以下である。W ボソンと Z ボソンの質量は、陽子の質量の約 100 倍である。

③ 流体：通常の超伝導は、電荷の流れである。超伝導電流は、電磁場を力の到達距離の短い場に変え、光子に質量を持たせる。一方のグリッド超伝導の超流体は、紫の弱いチャージとハイパーチャージが、相互関連しながら流れている。これらの流れにより W 場と Z 場が生じ、W と Z が生み出す短距離力となり、W ボソンと Z ボソンが質量を獲得する。

④ 基盤：通常の超伝導体では超伝導電流は、クーパー対になった電子の流れである。一方のグリッド超伝導は、ヒッグス場と呼ばれる単一の新しい場と、付随するヒッグス粒子により生じている可能性がある。

　フランスとスイスの国境にある世界最大の加速器 LHC においてこのヒッグス粒子らしきものをとらえた！ということで、2011 年 12 月に朝日新聞の一面でも報道され、2013 年のノーベル物理学賞となった。ヒッグス粒子は質量の起源とも関係していると言われ、我々の物質的存在そのものとも大きく関係しているとも言えるだろう。

コラム　　　　　　真空のエネルギー

　宇宙の膨張速度を測定するために、超新星を詳細に観測しているうちに、宇宙が加速膨張していることが発見された。これは重力以外の何かが、宇宙を押し広げていることを意味し、ダークエネルギーと名付けられた。この1998年の大発見は、科学界にも非常に大きな衝撃を与え、2011年のノーベル物理学賞となった。

　重力に逆らい、宇宙を加速膨張させているダークエネルギーの候補の一つが真空のエネルギーである。真空はプランクサイズで見れば、仮想粒子が生まれては対消滅している世界である。対消滅が絶えず繰り返されているため、エネルギーは絶えず揺らぎ、真空エネルギーがなくなることはない。宇宙が膨張すると真空が増え、真空のエネルギーの割合が重力よりも高くなっていき、宇宙を加速膨張させる。真空のエネルギーは、負のエネルギーももち、反重力的性質を示す。

　このような空っぽの空間からエネルギーをとりだそうという発明者たちもいる。しかし真空エネルギーをとりだすのはなかなか難しい。1997年にこの零点エネルギーを検出したという報告がカシミール効果である。非常に短い距離を隔てて置いた二枚の金属板が真空中で互いに引き合う静的カシミール効果と、二枚の金属板を振動させると光子が生じる動的カシミール効果がある。

　金属板の間の電磁場は、2枚の板の間に整数個の波があるモードの重ね合わせで表現できるが、量子化するとそれぞれのモードの零点振動が零点エネルギーを持つ。金属板の距離をきわめて短い距離まで接近させるとそれらのモードの振動数がかわりエネルギー変化し、金属板の間の真空は、周囲の真空よりエネルギーが下がった状態になり、引力を生み出す。金属板の距離が10 nmのとき、カシミール効果は一気圧と同じ力となる。

　カシミール効果の引力作用は、二枚の金属板の内外の真空のエネルギー差によるもので、金属板間の真空エネルギーは負の値となる。ただし、あくまで真空のエネルギー状態を負の値にまで引き下げたことが確認されたというだけで、実際に負のエネルギーを形として取り出せたというわけではない。反重力を生み出すには、負のエネルギーが必要となるので、負のエネルギー状態が確認された唯一の例としてこの効果が取り上げられている。

コラム　　　　　　未発見の粒子

　ヒッグス粒子が発見され、未発見の粒子は残り一つとなった。それが重力子（グラビトン）である。素粒子物理学における四つの力のうちの重力を伝える役目をもつ仮説上の素粒子である。重力子は、アインシュタインの一般相対性理論より導かれる重力波を媒介する粒子として提唱されたものである。スピン 2、質量 0、電荷 0、寿命無限大のボース粒子であると予想され、力を媒介するゲージ粒子である。ニュートリノなどは、ヒッグス粒子が存在しなくても質量を持つことができる。重力と質量の発生のしくみは空間の構造によって決まるため、現在は未完成の量子重力理論における重力子の交換によって説明されると期待される。

　質量には二種類あり、加速の与えにくさによる慣性質量、引力による重力質量があり、ヒッグス粒子は慣性質量の起源、重力子は重力質量の起源を説明するものである。

第13章

欠陥・拡散・相転移

欠陥の分類

今までは理想的な完全結晶を対象にしてきた。実際の結晶では、原子配列の乱れや不純物による欠陥が存在し、**点欠陥、線欠陥、面欠陥**に大別される。また金属結晶では考慮しなくてもよいが、イオン結晶では**電気的中性条件**を満たす必要がある。異種原子置換や原子価変化では、TiO$_x$などの**不定比化合物**がある。

① 点欠陥

　空格子点（温度で決まる熱励起空孔・ΔG最小化にするΔS増加が必須）

　フレンケル欠陥（格子間位置への移動 + 空孔）

　ショットキー欠陥（原子の外部への欠落）

　異種原子との置換、異種原子の格子間侵入、原子価の変化

② 線欠陥

　刃状転位、らせん転位

③ 面欠陥

　小傾角粒界、大傾角粒界、双晶境界、積層不整、積層欠陥

 ## フレンケル欠陥とショットキー欠陥

結晶中において、格子点にある原子やイオンが格子間位置に移り、その後に空孔が残った欠陥を、**フレンケル欠陥**という。AgClなどで観察される。フレンケル欠陥生成で、密度の変化はないが、電気伝導性が増加する。

ショットキー欠陥は、結晶中の格子点原子やイオンが、結晶の外の表面に出た後に空孔が残った欠陥である。NaClなどで観察される。ショットキー欠陥生成で、密度が変化するが、電気伝導性は変化しない。

原子1個を結晶内部の格子位置から、結晶表面に移動するのに必要なエネルギーE_Vは、原子数を N 個、ショットキー欠陥の個数を n 個として、次式のようになる。

$$E_V \simeq k_B T \ln \frac{N}{n} \qquad n \simeq N \exp\left(-\frac{E_V}{k_B T}\right) \tag{13.1}$$

N 個の格子点と N' 個の占有可能な**格子間位置**をもつ結晶において、n 個の原子を、格子位置から格子間位置に移動させるフレンケル欠陥に、必要なエネルギーE_I は、次式のようになる。

$$E_I \simeq k_B T \ln \frac{NN'}{n^2} \tag{13.2}$$

$$n \simeq (NN')^{\frac{1}{2}} \exp\left(-\frac{E_\mathrm{I}}{2k_\mathrm{B}T}\right) \tag{13.3}$$

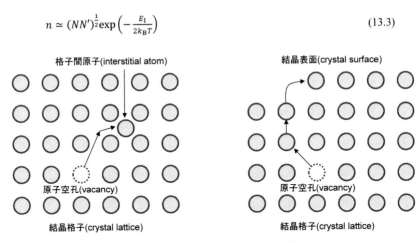

★　フレンケル欠陥（左）とショットキー欠陥（右）

　欠陥は次表に示すように、物質によってできやすいものがある。格子欠陥の割合 n/N は、融点直下で 10^{-4} くらいとなる。化合物の**格子欠陥生成エネルギー** E_v は、電気的中性条件から正負イオンの空孔子点が等しい必要があり、正イオンと負イオンの平均値となる。

★　元素の融点と格子欠陥生成エネルギー

元素	結晶構造	融点 T_m (K)	ΔE_v (eV)	$\Delta E_\mathrm{v}/k_\mathrm{B}T_\mathrm{m}$
Al	fcc	934	0.68	8.5
Cu	fcc	1358	1.29	11.0
Ag	fcc	1235	1.12	10.5
Au	fcc	1337	0.89	7.7
Pb	fcc	601	0.57	11
Ni	fcc	1728	1.78	12.0
Pa	fcc	1828	1.85	11.8
Pt	fcc	2041	1.32	7.5
Fe	fcc	1811	1.4	9.0
Fe	bcc	1811	1.6	10
V	bcc	2083	2.1	11
Nb	bcc	2750	2.65	11.2
Ta	bcc	3269	2.8	9.9
Mo	bcc	2896	3.0	12
W	bcc	3695	4.0	13

★　化合物等の格子欠陥生成エネルギー

元素	エネルギー (eV)	化合物	エネルギー (eV)
Cu	1.17 E_V	LiF	1.10〜1.34 E_V
Ag	1.09 E_V	NaCl	1.01〜1.10 E_V
Au	0.94 E_V	KCl	1.11〜1.15 E_V
Mg	0.89 E_V	AgCl	1.4 E_I (Ag)
Al	0.75 E_V	AgBr	1.1 E_I (Ag)
Pb	0.53 E_V		

 転位

　転位は、結晶中に含まれる、線状の結晶欠陥である。外力等によって、転位近傍の原子が再配置され、転位の位置が移動し、材料が変形する。変形に要する力は、原子間の結合力から理論的に計算される力よりも小さく、金属の硬さは転位の動きやすさできまる。転位が動くことで、金属は外力に対して破壊せず**塑性変形**する。転位には、刃状転位、らせん転位、混合転位がある。

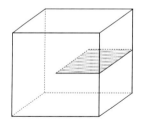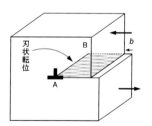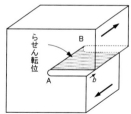

★　刃状転位とらせん転位の模式図

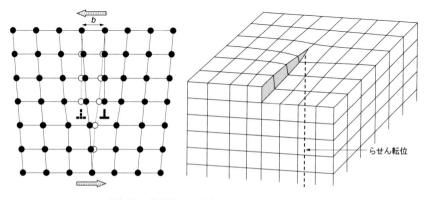

★　刃状転位の結晶格子の動きとらせん転位近傍の結晶格子

刃状転位は転位のない結晶に余分な結晶面を入れた形の結晶欠陥である。**らせん転位**は、転位線に対して平行に結晶面がずれている。転位線の周りの原子の不一致の向きを、**バーガース・ベクトル b** で表わし、刃状転位は転位線とバーガース・ベクトルが垂直で、らせん転位は転位線とバーガース・ベクトルが平行となる。小傾角粒界は多数の刃状転位からなる。

$Tl_2Ba_2CuO_6$超伝導体の欠陥構造のHREM像を図に示す。(a)は[1$\bar{1}$0]入射HREM像であり、中心の矢印で示した位置に刃状転位がedge-onで観察される。転位の周辺には、歪コントラストが観察される。(b)は(a)の**フーリエ変換**で結晶格子による多数の反射が観察される。これらの反射の中から、図中丸印で示す、110、000（透過波）の反射のみを選択し、他の反射を除去し、**逆フーリエ変換**を行った像が(c)である。

110反射のみで像を形成しているために、{110}面のみが逆フーリエ変換像である(c)に現れる。(c)の中心の拡大図を(d)に示す。矢印で示した位置に{110}面が1枚増えているのがわかり、バーガース・ベクトルb = [110]である。また転位が存在する約5 nmの範囲では、**格子歪み**が生じている。

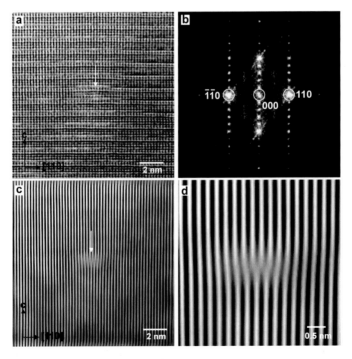

★　$Tl_2Ba_2CuO_6$ の欠陥構造の(a)HREM 像、(b)フーリエ変換、(c,d)逆フーリエ変換

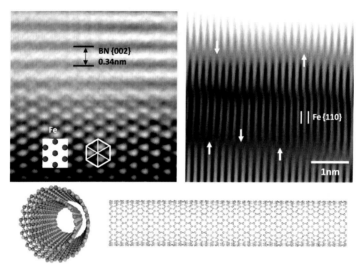

★ Fe ナノワイヤ内包 BN ナノチューブ

　Fe ナノワイヤ内包 BN ナノチューブの HREM 像も図に示す。矢印で示すように、Fe{110}面に沿って多数の転位が観察される。BN ナノチューブ成長過程もしくは形成後の応力により、このような欠陥が導入されたと考えられる。

 ## 金属の強化

　転位が動くことで、金属は変形し強度が低下する。そこで金属を強化するには、転位密度を減らすか、転位の移動を阻止すればよく、次の4つの硬化法がある。

① **加工硬化**：　金属にひずみを与えて転位密度を 10^{-7} line cm^{-2} から 10^{-12} line cm^{-2} 程度まで増やし、転位の動きを阻止する。不純物に依存せず、鋼鉄に適用し超強力鋼ができる。ひずみ硬化、転位硬化とも呼ばれる。

② **固溶硬化**：　金属に不純物を添加すると粒界付近で溶解度が高くなり、転位移動を阻止する。

③ **粒界硬化**：　結晶粒子を微細化し、粒界を増加させ転位移動を阻止する。これは結晶の粘り強さである**靭性**を同時に強化できる方法である。

④ **析出硬化**：　母相から第二相である化合物等の微粒子を析出させ、転位移動を抑制する。

　上記の硬化法により金属の強度は高くなるが、もろくなるという欠点もある。材料には粘り強さである靭性も必要であり、相反する強度と靭性の特性を、目的に応じて設計することが必要である。

固体内の拡散

　巨視的な分子・原子の移動である**拡散**は、ランダム移動しながら進行し、**フィックの法則**に従う。フィックの第1法則は、定常状態拡散で、拡散による濃度が時間変化しない場合に使われる。水素ガスの純化などの例があり、次式のようになる。

$$J = -D \frac{dc}{dx} \tag{13.4}$$

　J [m^{-2} s^{-1}]は**拡散束**または流束で、単位時間当たりに単位面積を通過する量、D [m^2 s^{-1}]は**拡散係数**、c [m^{-3}]は濃度、x [m]は位置である。

　第2法則は、非定常状態拡散で、拡散における濃度が時間変化する場合に使われる。実際の拡散は非定常状態が多く、ΔG低下の方向に進む。

$$\frac{\partial c}{\partial t} = D \frac{\partial^2 c}{\partial x^2} \tag{13.5}$$

　固体内拡散において、拡散係数D [m^2 s^{-1}]と、拡散の**活性化エネルギー**E_a には、次式の関係がある（D_0：定数、**前指数因子**）。一般に$0.3T_m$ 程度で**粒界拡散**から**格子拡散**となり、格子拡散のE_0は、粒界拡散のE_aの2倍程度である。

$$D = D_0 \exp\left(-\frac{E_a}{k_B T}\right) \tag{13.6}$$

★ **金属中の拡散データ**

拡散媒	拡散質	D_0	E_a (kJ mol^{-1})
Au	Au	9.1×10^{-1}	175
Au	Ag	7.2×10^{-2}	168
Au	Cu	1.1×10^{-1}	170
Ag	Ag	4.0×10^{-1}	185
Cu	Cu	2.1×10^{-1}	197
Cu	Ag	6.1×10^{-1}	195
Pb	Pd	2.8×10^{-1}	101
Pb	Au	3.5×10^{-1}	59
Pb	H	1.7×10^{-2}	39
Pb	H	2.0×10^{-3}	36
Pd	H	1.5×10^{-2}	28
α-Fe	Fe	1.9	239
γ-Fe	Fe	1.8×10^{-1}	270
α-Fe	C	2.2	123

また一次元方向の拡散において、原子の平均**拡散距離**をX、**拡散時間**を t として、次式の関係がある。$\sqrt{t}$に比例するのは、拡散運動の毎回の移動方向がランダムなためである。

$$X = 2\sqrt{Dt} \tag{13.7}$$

自己拡散と不純物拡散

拡散には、**自己拡散**と**不純物拡散**がある。例えば、Au結晶中のAu原子の拡散が自己拡散であり、Si結晶中のドーパントであるP原子の拡散は不純物拡散である。自己拡散は、ショットキー欠陥やフレンケル欠陥の図のような原子の移動を繰り返す。二種の金属を接触加熱すると境界面が移動する現象を**カーケンドール効果**といい、空格子点が熱運動で移動し金属原子が拡散する。金属の場合の拡散係数は、前表に示すように拡散媒によらず拡散質に大きく依存する。

移動の際には、次図に示すようにエネルギーの高い状態を乗り越える必要があり、これには熱エネルギー $k_B T$ より大きい活性化エネルギー E_a が必要になる。v_0 は結晶中の原子の振動数と同程度で$10^{12} \sim 10^{14}$ s^{-1}くらい、a は格子定数程度で、拡散係数 Dは次のようになる。通常は前節の(13.7)式のようにまとめて表される。

$$D = v_0 a^2 \exp\left(-\frac{E_V + E_a}{k_B T}\right) \tag{13.8}$$

また不純物拡散の例として、半導体分野のドーピングが広く知られている。拡散の前指数因子D_0 と活性化エネルギー E_a がわかっていれば、熱処理温度と時間で、拡散距離を制御でき、FETなどの形成に使用される。またFe中のC原子の拡散などもよく知られており、不純物原子の大きさが小さいと、活性化エネルギーは小さくなり、拡散係数は大きくなる。

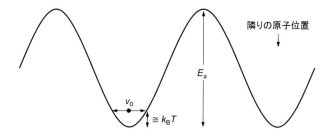

★　**結晶中の原子の振動とポテンシャル**

★　Ni 中の不純物拡散データ

元素	D_0 (m² s⁻¹)	E_a (eV)	E_a (kJ mol⁻¹)	溶質
H	6.9×10^{-7}	0.42	40.5	侵入型
B	6.6×10^{-7}	1.00	96.5	置換型
C	3.0×10^{-4}	1.54	149	侵入型
Al	$10. \times 10^{-4}$	2.69	259	置換型
Co	2.8×10^{-4}	2.95	285	置換型
Cu	6.1×10^{-5}	2.64	255	置換型
W	2.9×10^{-4}	3.19	308	置換型
Ni	1.5×10^{-4}	2.93	283	自己拡散

★　金属における拡散係数の経験則

金属	$D(T_m)$ (m²s⁻¹)	$E_a / k_B T_m$	D_0 (m²s⁻¹)
体心立方アルカリ金属	1.1×10^{-10}	14.7	2.7×10^{-4}
体心立方遷移金属	2.9×10^{-12}	17.8	1.6×10^{-4}
面心立方金属	5.5×10^{-13}	18.4	5.4×10^{-5}
六方最密金属	1.6×10^{-12}	17.3	5.2×10^{-5}

　金属における自己拡散では、同種の金属における融点での拡散係数は、ほぼ同じ値をもつことが知られている。実験データがない場合でも、上表から大まかな拡散係数を見積もることができる。

核形成と結晶成長

　結晶が形成するには、結晶核の形成と結晶成長の二段階に分けて考える必要がある。結晶核形成の自由エネルギー変化ΔGは次式のようになる。

$$\Delta G = \frac{4}{3}\pi r^3 \Delta G_v + 4\pi r^2 \gamma \tag{13.9}$$

$$\Delta G_v = \frac{RT}{V}\ln\left(\frac{C}{C_0}\right) \tag{13.10}$$

ここで、r は核の半径、ΔG_vは単位体積当たりの自由エネルギー変化、γ は**界面張力**、V_mは核のモル体積、Cは溶液の**過飽和濃度**、C_0は平衡濃度である。界面張力の単位は[N m⁻¹]のベクトル量であり、スカラー量である**粒界エネルギー**[J m⁻²]と同じ次元をもち、粒界エネルギーは、単位長さ**粒界三重点**に働く張力とみなせる。

　結晶核形成の自由エネルギー変化ΔGは、ΔG_vと界面自由エネルギー$4\pi r^2\gamma$の和になることを示しており、ΔG_vが負の値になることで核形成が進行する。ΔGの極大値をΔG^*、r^*を**臨界半径**として、ΔGをrで微分し dΔG^*/dr = 0 より次式のようになる。

$$r^* = -\frac{2\gamma}{\Delta G_v} \tag{13.11}$$

$$\Delta G^* = \frac{4}{3}\pi r^{*2}\gamma = \frac{16\pi\gamma^3}{3\Delta G_v{}^2} \tag{13.12}$$

　上式より、核半径が臨界半径以上になれば、界面エネルギーの影響が小さくなり、核形成が進行する。また過飽和度が大きいほど、臨界半径が小さくなる。

　一般的に粒成長の粒界エネルギーは、モル体積をV_mとすると次式のようになり、これは粒成長の**駆動力**でもある。

$$\Delta G_V \,[\text{J m}^{-3}] = \frac{2\gamma}{d} \qquad \Delta G_m \,[\text{J mol}^{-1}] = \frac{2\gamma}{d}V_m \tag{13.13}$$

　上の議論は、核形成が原子・分子の合体のみで生じるという理想的な**均一核形成**であるが、実際には、不純物や下地による**不均一核形成**が生じる。形成する球冠状クラスターの**接触角**が小さいほどΔGが小さくなり、均一核生成より早く進行する。

　核形成後に結晶が成長する機構には、結晶表面のキンク、ステップ、テラス位置で成長する**コッセル機構**があり、さらにらせん転位上で結晶成長が進行する**フランク機構**で説明される。

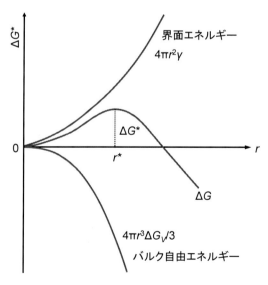

★　核形成自由エネルギー変化

　結晶は多くの場合、多面体的な形状をもち、これは結晶構造に由来する。結晶形状では、平衡形と成長形を区別する必要がある。平衡形は、それぞれの結晶面の表面エネルギーの差異によって決まり、成長形では、結晶面の成長速度の差異によって決まり、両者は必ずしも一致はしない。平衡形と異なり、成長形は不純物や下地の影響など、環境に敏感である。結晶成長では、成長速度の遅い面が最後まで存在し、最終的な結晶面が形成される。つまり、結晶の形は**平衡論**ではなく、**速度論的**に決定されている。粒成長時の粒径d、初期粒径d_0と熱処理時間tは、経験的に次式の関係がある。

$$d^n - d_0^n = kt \tag{13.14}$$

ここでkとnは、材料と温度に依存する定数で、純金属や単相合金では$n\sim2$、分散粒子を含む場合は$n\sim3$、2相合金では$n\sim4$とされている。

再結晶

　加工などにより形成された格子欠陥密度の高い状態の材料は加工エネルギーが蓄積されており、熱処理することで欠陥密度が低い粒子が成長し、これを**再結晶**と呼ぶ。再結晶粒は、転位などの格子欠陥を吸収して成長していく。この結晶粒成長の自由エネルギーの変化は、**剛性率**をμ [Pa]、初期の**転位密度**をρ [個 m^{-2}]、転位のバーガースベクトルの大きさをb、モル体積をV_mとすると次式のようになり、これが再結晶の駆動力となる。またこれは初期の蓄積エネルギーでもある。

$$\Delta G_V \text{ [J m}^{-3}] = \mu\rho b^2 \qquad \Delta G_m \text{ [J mol}^{-1}] = \mu\rho b^2 V_m \tag{13.15}$$

また再結晶率をV_C、nを定数とすると

$$V_C = 1 - \exp(kt^n) \tag{13.16}$$

となり、nは**アブラミ定数**と呼ばれる。熱処理時間を変えることでnを求められる。

構造相転移

　結晶性物質では、多形構造の間の相転移があり、以下に分類し表にまとめる。
① **再編型相転移**：原子間の結合の切断と原子の再配列が生じる相転移で、相転移の活性化エネルギーが大きく、不可逆的である。例えば、グラファイトを高温・高圧にすると、炭素原子の結合状態がsp^{2}結合からsp^{3}結合に変化し、ダイヤモンド

となる。またTiO₂では、**アナターゼ**とブルッカイトは、ルチル型に不可逆に相転移する。SiO₂でも、高温安定相であるクリストバライトが生成すると冷却しても石英に戻らず安定に存在する。

② **変位型相転移**：　結合は切断せず、原子の移動距離が小さい相転移で、活性化エネルギーが小さく、相転移温度で可逆的に変化する。例えばα-Feからγ-Feへは、8配位（体心立方）から6配位（面心立方）への変化があり、原子移動は小さいため相転移が容易に生じる。ZrO₂や炭素鋼でみられる**マルテンサイト変態**は、原子は移動せず構造の**せん断変形**（すべり変形や双晶変形）のみ生じ、**無拡散転移**とも言う。結晶中の転移や不純物などの欠陥構造にも支配され不可逆的で活性化エネルギーも大きい。またFe中の炭素拡散による相転移は**パーライト変態**という。

③ **秩序－無秩序型相転移**：　CnZnは、低温ではCuとZnが交互に規則配列した秩序構造をもつが、高温になるとCuとZnがランダムに配列した無秩序構造になる。この相転移では、活性化エネルギーが小さく可逆的で基本結晶構造も変化しない。

★　**構造相転移の分類**

相転移	物質（構造）	温度（℃）	物質（構造）
①再編型相転移			
配位変化型	グラファイト（3配位）	→	ダイヤモンド（4配位）
原子再配列型	β-SiO₂ 石英（六方晶）	867 →	β₂- SiO₂トリジマイト（斜方晶）
原子再配列型	TiO₂（アナターゼ）	1100 →	TiO₂（ルチル）
②変位型相転移			
結合角変化型	α- SiO₂ 石英（菱面体晶）	573 ⇄	β- SiO₂ 石英（六方晶）
配位数変化型	α-Fe（bcc, 8配位）	910 ⇄	γ-Fe（fcc, 6配位）
マルテンサイト変態	ZrO₂（単斜晶）	950~1220 ⇄	ZrO₂（正方晶）
③秩序－無秩序型相転移			
原子位置交換型	β'-CuZn 黄銅（規則構造）	470 ⇄	β'-CuZn 黄銅（無秩序）

一次・二次相転移

不連続のエンタルピー変化ΔH、定圧熱容量C_P変化があり、次図に示すように、相転移のギブズ自由エネルギーの温度変化率（エントロピー）にも変化がある場合、**一次相転移**と言う。

一方、**エンタルピー**や熱容量の変化は連続的で、自由エネルギー変化ΔGの変化率も一定で、**エントロピー変化**もない相転移が**二次相転移**である。相転移時のΔGが駆動力になるが、実際には相転移の活性化エネルギーが大きく影響する。

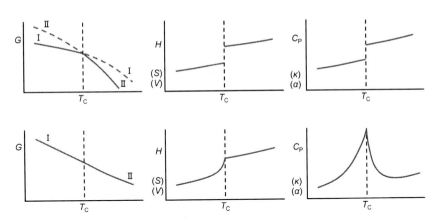

★　相転移に伴う熱力学関数変化（上：一次相転移、下：二次相転移）

★　二次相転移の分類

相転移	物質（構造）	温度（℃）	物質（構造）
①超伝導相転移	電子スピン秩序－無秩序転移		
磁場中一次相転移	Nb_3Ge 20G（超伝導）	-258 ⇄	Nb_3Ge（常伝導）
0磁場二次相転移	Pb（超伝導）	-267 ⇄	Pb（常伝導）
②磁気相転移	電子スピン秩序－無秩序転移		
二次相転移	α-Fe（強磁性）	768 ⇄	α-Fe（常磁性）
二次相転移	Fe_3O_4（フェリ磁性）	585 ⇄	Fe_3O_4（常磁性）
二次相転移	FeO（反強磁性）	-75 ⇄	FeO（常磁性）
③誘電性相転移	構造対称性変化、双極子秩序－無秩序転移		
原子変位一次相転移	$BaTiO_3$（強誘電性）	128 ⇄	$BaTiO_3$（常誘電性）
双極子二次相転移	$NaNO_2$（強誘電性）	163 ⇄	$NaNO_2$（常誘電性）

演習問題

1. Pdの格子位置及び格子間位置の数が6.8×10^{22} cm^{-3}、300 KにおけるPd原子を格子位置から格子間位置に移動させるのに必要なエネルギーが2.1 eVのとき、フレンケル欠陥の個数を求めよ。[1.6×10^5 cm^{-3}]

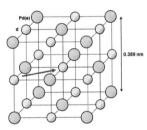

2. 凝集系核融合においては、Pd中の重水素原子の拡散が重要となる。Pd中の重水素拡散の活性化エネルギーE_0が0.21 eV、$D_0 = 1.7 \times 10^{-7}\,\mathrm{m^2\,s^{-1}}$、格子定数0.389 nmのとき、300 Kにおける (1) 拡散係数Dを求め、(2) Pd格子間位置を重水素が[110]方向に1.0 nm拡散するのに必要な時間tを求めよ。[$5.1 \times 10^{-11}\,\mathrm{m^2\,s^{-1}}$, $4.9 \times 10^{-9}\,\mathrm{s}$]

コラム　トポロジカル超伝導体

　2016年ノーベル物理学賞は、トポロジカル相の理論的発見により、サウレス、ホールデン、コステリッツに授与された。トポロジーという数学理論を用いて、超伝導体や磁性薄膜など特殊な物質の相を研究し、2次元や1次元など低次元の物質状態が、特殊な状態になることを発見した。

　トポロジカル絶縁体では、絶縁体内部では電気が流れないのに、表面では電気を流すという性質を持っている。超伝導体でもクーパー対をつくるエネルギーギャップがあるが、試料端のエッジではギャップがない状態が現れ、非常に小さいエネルギーで未だ未発見のマヨナラ粒子を励起することが可能とされている。現在、$Cu_xBi_2Se_3$などがトポロジカル超伝導体になることが見いだされている。トポロジカル超伝導を利用した量子コンピュータでは、熱揺らぎなどのデコヒーレンスに対し原理的に安定なので、今後の発展が期待される。

コラム　量子情報と生命

　原子を組み上げていくことによって生命は誕生するのだろうか？生物の定義・特徴は、①膜により外界と分離、②自己複製（遺伝子＋増殖）、③進化、④エネルギーによる物質変換、などであるが、どのようにして原子の集合体から生命、そして高等生命体における意識が発現するのか、現代科学においても最も興味深いところである。

　原子の自己組織集合体である生命体においては、情報→エネルギー→物質の変換が生じている。現代科学的にみれば、人間の個性を発現しているのは量子情報であり、人間生命体のスピンも含む全量子情報を読み取ったとしても、それを再現するのはかなり困難であろう。仮に再現できれば、原子レベルではすでに可能になっている量子テレポーテーションが、人間でも可能ということになるが、はたして量子状態を再現した時に、生命さらには意識が再度、再現されるのだろうか。ノークローニング理論などもあり、現時点ではまだ不明であるが、心と量子情報の関係は非常に興味深い分野である。

第14章

電子顕微鏡による情報

電子顕微鏡の種類

　固体物性を評価する手法として、**電子顕微鏡**は大きな威力を発揮する。一口に透過型電子顕微鏡といっても、現在では目的に応じて様々な電子顕微鏡や電子顕微鏡技法が使用されている。ここでは簡単に、電子顕微鏡とそれに付随する様々な電子顕微鏡法の種類と、そこから得られる情報を示す。これらの電子顕微鏡法は、第3章に示すように、電子ビームを試料に当て、そこから出てきた様々な信号を解析したものである。

(1) **透過型電子顕微鏡**（TEM: Transmission electron microscope）

　最も広く使用される電子顕微鏡である。電子線を試料に当てて、その試料を突き抜けて下に見える像である。わかりやすく言えば、光を薄いシートに当てて、スクリーンに拡大して見ているようなものである。数万倍くらいで試料の組織観察を行うことができ、μmから数10 nmレベルの微細構造を直接見ることができる。物質科学者の間では、TEMという言葉は市民権を得ていると言ってもいいだろう。

(2) **電子回折**（ED: Electron diffraction）

　電子顕微鏡の大きな特徴の一つは、同じ ナノスケールの視野で、原子配列の平均構造を示す電子回折が撮影できるという点である。

(3) **高分解能電子顕微鏡**（HREM: High-resolution electron microscope）

　上の(1)の電子顕微鏡の分解能を0.1 nm程度まで高めたもので、物質の原子配列やナノスケール構造を直接観察できる。

(4) **エネルギー分散型X線分光法**（EDX、EDS: Energy dispersive X-ray spectroscopy）

　観察している領域から出てくる特性X線のエネルギーを測定して、元素の同定、試料の組成を知ることができる。

(5) **電子エネルギー損失分光**（EELS: electron energy-loss spectroscopy）

　観察した領域からでてくる電子が非弾性散乱によりエネルギーを失う場合、そのエネルギーを測定することで、元素の種類、組成を知ることができ、さらに電子状態に関する情報も得られる。

(6) **エネルギーフィルターTEM**（EF-TEM: Energy filtering TEM）

　EELS法において、透過電子エネルギーの違いによる二次元的分布像の撮影を行うことによって、元素の種類・結合状態の分布を直接見ることができる。

(7) **ローレンツ顕微鏡**（Lorentz microscopy）

　試料内の磁化により電子顕微鏡の電子ビームにローレンツ力がはたらき、電子の軌道が変化することを利用した方法で、磁性体などの磁区構造を直接見ることができる。

(8) 電子線ホログラフィー（Electron holography）

　電子波の干渉による干渉縞（ホログラム）を記録・再生することにより、試料内外の磁場・電場を直接観察できる。

(9) その場観察（In-situ observation）

　液体ヘリウム温度から1000 ℃以上の高温まで温度を変化させたり様々な気体を導入して反応させたり、試料に通電したり、応力を加えたりしながら、ナノスケールでの観察ができる。

(10) 収束電子回折（CBED: Convergent beam electron diffraction）

　電子ビームを試料上に収束して得られる回折パターンで、結晶の対称性による空間群の決定、試料厚さの測定、格子歪の測定などが行える。

(11) 走査型電子顕微鏡（SEM: Scanning electron microscope）

　(1)の透過型電子顕微鏡は、試料を透過した電子線による像であるが、この方法は試料から反射した電子による像で、表面形状・組織の情報が得られる。

(12) 高角度散乱暗視野法（HAADFまたはSTEM: High-angle annular dark-field, scanning transmission electron microscopy）

　透過した電子線のうち弾性散乱された電子のみで試料上を走査しながら検出する方法で、Zコントラスト像と呼ばれる、原子番号が大きいほど白いコントラストを示す像が得られる。近年、急速に発展している方法である。

　以上のように、電子顕微鏡と付随する様々な電子顕微鏡法を用いることで、目的とする試料の原子配列だけでなく、電子構造、磁気構造など、様々な情報を同時に得ることができる点が、電子顕微鏡の非常に大きな武器である。他にも周辺技術として、フーリエ変換等の画像処理による情報抽出、像シミュレーション計算による観察像との対応による構造決定、分子軌道法による構造最適化、3次元再構築化法などが挙げられる。

電子と原子の相互作用

　電子顕微鏡の大きな利点は、**実空間**でのHREM像と**逆空間**での電子回折パターンと両方のデータを、ナノメータースケールの同じ場所で得られる点にある。さらに同じナノ領域の、元素組成や電子結合状態に関する情報まで得られるという非常に大きな特長がある。これらの分析手法として広く用いられているのが、**エネルギー分散型X線分光法**（EDXまたはEDS: Energy Dispersive X-ray Spectroscopy）**及び電子エネルギー損失分光**（EELS: Electron Energy-Loss Spectroscopy）である。EDXは、観察領

域から出てくる**特性X線**のエネルギーを測定し、元素の同定や組成分析を行うことができる。

　図は、電子が試料中の原子に照射されたときに出てくる、電子・X線の模式図である。第3章で述べたように、TEM像を得るための電子は、試料と相互作用を及ぼさない**透過電子**と、原子核と電子雲からなる試料中の**電場**（ポテンシャル）によって散乱された（しかしエネルギーは失っていない）**弾性散乱電子**の二つが主となる。

　しかし実際には、入射してきた電子が、電子雲の中の電子をはじき出してエネルギーを失う場合も多々ある。図の下には、エネルギーを失ってでてきた**コア・ロス電子**があるが、このようにエネルギーを失ってでてきた電子を**非弾性散乱電子**と呼ぶ。失うエネルギーは、元素によって決まった値を持つために、元素の同定・組成分析を行うことが可能となる。失われたエネルギーの測定方法は、次のようになる。検出器に入る電子は、入射電子のエネルギーを保持したままエネルギーを失っていない弾性散乱電子と、エネルギーを損失した非弾性散乱電子の両方が混合している。そこに、電磁石で磁場をかけてやると、電子は運動方向と垂直にローレンツ力を受けて進行方向が曲げられる。エネルギーを損失した電子の方が、エネルギーが低いためにたやすく曲げられるので、そこに検出器を設置してやれば、電子のエネルギー分布が得られる。**エネルギー分光器**（spectrometer）は、TEMの蛍光版の下（パラレルEELSなど）や、TEMの鏡体に（オメガ型エネルギーフィルターなど）とりつけられる。

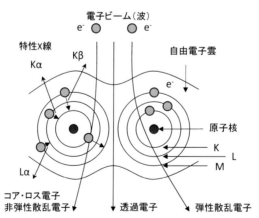

★　電子が原子に作用し出てくる電子・X線の模式図
（実際の原子核・電子のサイズは模式図よりはるかに小さい）

　図において、非弾性散乱電子によってはじきだされた内殻電子の位置は空孔となり、外側の軌道から電子が落ち込んでくる。その際に余分なエネルギーが特性X線

（図中Kα、Kβ、Lα等）として放出される。この特性X線の、エネルギー値はそれぞ
れの元素に固有の値を持つため、元素の同定がEDXによって可能となる。電子軌道
のL殻からK殻への遷移をKα、M殻からK殻への遷移をKβ、M殻からL殻への遷移を
Lαと呼ぶ。他にも詳細な分類があるが、詳しいエネルギー値等は参考文献を参照さ
れたい。測定装置が40 keVまでの範囲であるとすれば、おおまかに見て、ベリリウ
ム（Be：原子番号4）などの軽元素からランタン（La：原子番号57）くらいまでは
Kαピークが使用される。また銅（Cu：原子番号29）以上くらいから、Lαピークも分
析に使用される。これらの元素に対するエネルギーピーク位置は、大抵EDXに付属
しているソフトで解析でき、また様々なピークの強度から試料の組成分析を行うこ
とができる。さらにEDXにおいてもEELS同様、特定の**元素マッピング**が可能である。

 EDXによる組成分析

EDX測定の実例として、図にAg内包BNナノカプセルのEDXスペクトルを示す。ホ
ウ素（B）、窒素（N）、酸素（O）のKαピークが観察され、特にBとNは、ほぼ1:1
の強度を示している。CuとAgのKα線は、8.0 keV、22 keVのため、図内には入ってい
ないが、低エネルギー側のLα線が見られ、AgにおいてはさらにLβ線が検出されてい
る。この試料においては、酸素が出発原料中に含まれているためにEDXで検出され
ており、またCuのピークは粉末BNナノカプセル試料を支えるCuグリッドメッシュに
由来している。分析場所によってこのように電子ビームを照射している周囲の領域
からピークが出ることもあるので、注意を要する。

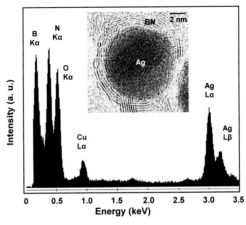

★ Agナノ粒子内包BNナノカプセルのEDXスペクトル

EELSによる結合状態分析

　EELSは、観察領域の電子エネルギーを測定することにより、元素の同定、組成・電子状態を知ることができる。

　実例として、BNナノチューブ・ナノカプセルのEELSを図に示す。ホウ素（B）と窒素（N）によるKエッジが観察される。グラフを見てわかるように、バックグラウンドがかなり大きく、元素の信号が小さく突き出ている。特に窒素の方は、ピークがバックグラウンドに埋もれて見にくくなっている。試料が厚くなるとバックグラウンドが大きくなるので試料はできるだけ薄い方がよい。BNは図に示す構造モデルのような構造を持っているが、六角形の面内はσ結合と呼ばれる共有結合的な強固な結合をもち、六角形に垂直なc軸方向にはπ結合と呼ばれるファンデルワールス的な弱い結合をもっている。Bのピークをよく見ると分裂しており、左側・右側それぞれπ*、σ*に対応する。これらのπ*（B、Nの$2p_z$軌道に対応）、σ*（B、Nの$2p_{x,y}$軌道に対応）は、電子によって占有されているπ、σ結合性軌道よりエネルギーの高い非占有反結合性軌道であるが、π、σ結合の指標として用いられる。データからバックグラウンドを除去し、組成分析も行うことができ、この試料の場合には、N/B = 1.0 ± 0.2という組成比が得られた。データを見てもわかるように、原子番号が小さくなるほどピークが強くなるので、軽元素を含む物質などが特にEELS分析には有効である。

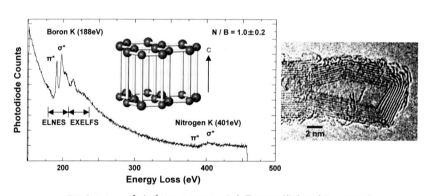

★　BN ナノチューブ・カプセルの EELS，六方晶 BN の構造モデル，TEM 像

　このようなピークエッジから50 eVぐらいまでの**吸収端微細構造**（ELNES: Energy Loss Near Edge Structure）には非占有状態密度が反映されており、さらに高エネルギー領域の**拡張微細構造**（EXELFS: Extended Energy Loss Fine Structure）には原子間距離の情報が反映されており、それぞれ詳細に解析すれば**バンド間遷移**や**動径分布関数**

などの情報も得られる。また簡単にするために図中には示していないが、他にも自由電子雲のみと相互作用しエネルギーを失った、**プラズモンロス電子**があるが、これは試料厚さ測定などに使用される。図のように、ホウ素など特定の元素に対応するピークが得られた場合、そのピークのエネルギーをもつ電子のみを用いて、その元素が存在する領域が明るく現れるTEM像を得ることができ、**元素マッピング**と呼ばれている。また、電子回折実験における定量解析においては、非弾性散乱電子によるバックグラウンドのために解析困難となるが、このエネルギーフィルターを用いることによって、非弾性散乱電子を除いた弾性散乱電子のみを用いて、バックグラウンドを減少させた実験を行うことが可能となる。

　このエネルギーをより分けて観察する方法に対し、電子回折波に対物絞りを使って、透過電子のみ（回折指数でいえば０００）を選択して撮影した像が明視野像で、回折電子のみを選択して撮影した像が暗視野像となる。観察像のコントラストは吸収・回折コントラストと呼ばれ、暗視野像は析出物の観察などに用いられる。

　試料の原子の内殻電子を励起させて、その原子特定のエネルギーを損失した状態で出てくる電子を**コア・ロス電子**といい、コア・ロス電子を測定することにより、元素の種類、状態密度、原子間距離などの情報が得られる。

　様々なエネルギーを持つ電子が入射して、それぞれのエネルギーの電子の個数に対応したピークを検出するのがエネルギー分光器である。電子ではなく光を例にとりわかりやすく言えば、太陽光（白色光）を分光器に入射したときに、紫から赤まで虹色の光（エネルギーの異なる光）が観察できるようなものである。

　EELSスペクトルに現れるピークは、高いエネルギーの方に尾を引く形になるため、そのピークをエッジと呼ぶ。入射電子が原子のK殻（1s電子）を励起して出てくるピークをKエッジと呼ぶ。原子番号が大きい場合、Mエッジ、Lエッジなども観察される。

　EDXとEELSのエネルギー分解能は、それぞれ約150 eV、1 eVと大きく異なる。そのためEELSでは得られていた電子構造に関する情報は、EDXでは分解能が低くて得られない。一方、EDXではバックグラウンドの大きさが小さいので、重元素を含む物質の組成分析の定量解析に適している。実際に分析したい試料において予想される組成と目的に応じてこれらのEELS、EDXを使い分ければよい。

ホログラフィーによる磁場・電場観察

　電子波の干渉性を利用することによって、通常のTEMでは観察できない磁場・電場を直接観察することができる。その方法が、**電子線ホログラフィー**である。電界放

出型電子銃による電子線は干渉性が高いので、電子線による干渉縞（ホログラム）を記録・再生することにより、試料内外の磁場・電場を観察できる。

　電子線ホログラフィーは二段階からなる。第一段階は、電子顕微鏡によるホログラム撮影によって電子の位相情報を記録することである。図に、電子線ホログラム記録の模式図を示す。電界放出型電子銃による干渉性の高い電子波が、試料の端の部分に照射される。試料を透過した電子波は、試料中における電場（ポテンシャル）や磁場の影響を受けて、位相変化を起こし、真空中を透過する波に比べて位相が進む。試料を透過した波（物体波：図中斜線）と真空を透過した波（参照波）が、バイプリズムによって偏光されて、像面において物体波と参照波が重ね合わされた部分ができる。この部分において電子波が干渉してホログラムが形成されるので、フィルム、イメージングプレート、スロースキャンCCDなどの記録媒体を用いて、ホログラムを記録する。

　第二段階は、デジタルデータの画像処理による記録された位相情報の再生である。位相情報の再生は、第一段階で記録したホログラムをデジタルデータとしてコンピューターに入力しフーリエ変換し、サイドバンドの一つに絞りをかけて原点移動し逆フーリエ変換して得られた物体波に参照波を干渉させて、最終的な干渉顕微鏡像（位相像）が得られる。位相情報解析は、イメージセンスなどのフーリエ位相解析ソフトを用いて行うことができる。

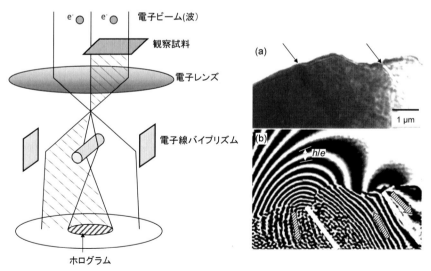

★　電子線ホログラム記録の模式図
Sm-Co 系磁石の(a)ローレンツ顕微鏡像と(b)干渉顕微鏡像（東北大・進藤大輔教授）

　右図(a)は、Sm-Co系磁石の**ローレンツ顕微鏡**像である。これは、試料内の磁化により電子顕微鏡の電子ビームにローレンツ力が働くことを利用した方法で、通常よりフォーカスをずらして、磁性体などの**磁区構造**を白黒のバンドとして直接観察できる。図(a)に観察される矢印で示した白い線と黒い線が磁壁で、その間が磁区となっている。右図(b)が同一視野における干渉顕微鏡像である。試料の中と外側の領域において、磁力線が黒い線となって観察される。磁壁を白abで示し、磁力線の向きを矢印で示す。**磁束量子**のh/e（h: プランク定数、e: 電子の電荷）ごとに2πの位相差があるため、磁力線の間隔は、h/eとなる。電場の場合は等電位線が観察でき、局所領域の電荷評価が可能となる。電子線ホログラフィーは、定量的にナノスケール領域の測定が可能となるので、物性評価法として今後の発展が期待される。

HAADFによる原子観察

　HREM法に加えて、最近注目されている方法が、**高角度散乱暗視野**（HAADF: High-Angle Annular Dark-Field）−**走査透過型電子顕微鏡**（STEM: Scanning Transmission Electron Microscope）法である。この方法は、非常に細く絞った電子線（~0.2 nm）によって試料上を走査し、散乱された電子を検出し2次元分布像を得る方法である。

　この方法では、電子線を試料上に照射したときに生じる散乱電子のうち、高角度（> ~70 mrad）に散乱された弾性散乱が重要になり、図にその模式図を示す。中心の透過電子は、像に寄与しないので、通常のHREM像のような**明視野像**（bright-filed image）とは異なり、この像は**暗視野像**（dark-filed image）となる。弾性散乱電子のうち、高角度における検出器上において回折効果はなく、また非弾性散乱電子は、比較的低い散乱角をもつ。原子が存在するときの電子の散乱は原理的には等方的なので、検出器は効率を上げるために環状となっており、HAADFでは高角散乱された電子を環状検出器で集め、それを電子線強度として2次元的に記録していく。このとき、検出される電子線の強度Iは、$I \propto Z^2$（Zは原子番号）で表され、観察像のコントラストはZの2乗に比例することから**Zコントラスト**と呼ばれている。このコントラストは、動力学的効果が小さく試料の厚さが大きくなってもあまり変化せず、原子番号が大きくなればなるほど原子位置が白いコントラストを示す。（HREM像では最適条件で原子位置が黒いコントラストを示す。）このZコントラスト像では、明るく白い点が一義的に原子位置とみなせるので、HREMにおける**位相コントラスト**像と比較して像解析が容易になる。

　一例として、図にAl$_{70}$Ni$_{20}$Ru$_{10}$正10角形準結晶のHAADF-STEM像を示す。画質を向上させるために、フーリエノイズフィルタリング処理を行ってある。白線で示した丸印は、約500個の原子からなるサイズ2 nm程の原子クラスターである。像の中の白いコントラストを示す点は、Ni及びRu原子位置に対応している。この合金中において、Al（$Z=13$）原子は、Ni（$Z=28$）やRu（$Z=44$）原子と比較して、原子番号が小さいので、Al原子のコントラストは写らず、Ni、Ruのみが白点として像中に記録される。

　HAADF法の分解能は、電子線ビームのサイズに依存するので、電子ビームを細く絞れる電界放出型（フィールドエミッション）電子顕微鏡の発展が重要になる。HREM法とHAADF法のそれぞれの特徴を生かしてデータを結合させていくことにより、より詳細な構造解析ができるようになると期待される。

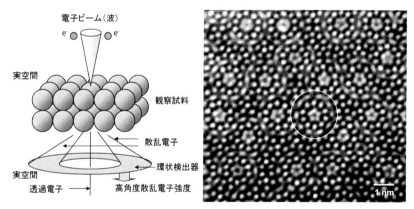

★　電子線が試料にあたり出てくる高角度散乱電子の模式図と、正10角形準結晶のHAADF-STEM像（東北大・平賀賢二教授）

構造像とシミュレーション

　HREM像を解釈する際、特に原子レベルの構造を詳細に議論する際には、HREM像が撮影条件に非常に敏感なため、電子顕微鏡像の計算によるシミュレーション像と実験データの対応が必要不可欠になってくる。像計算は、自分で構築した原子配列モデル（もしくは既知の原子配列モデル）に電子線が入射して、電子が散乱し電子顕微鏡の収差の影響などを受けながら像が形成されるまでを、コンピューター中で計算するものである。最近では、電子顕微鏡像・電子回折パターンなどを計算するためのさまざまな優れたソフトウェアやフリーウェアが市販・配布されているので、それらを使用すればよい。もちろん基本的な像計算の原理を参考書等により理解し

ていることが望まれる。

　結晶を計算するには、空間群、格子定数、原子座標、原子占有率、温度因子、電子顕微鏡観察時のさまざまなパラメーターなど、多くの情報が必要である。これらの情報は、既知の物質であればデータベースや論文の値を代入すればいいが、未知の結晶構造の場合は、自分で構造解析して構造モデルを構築し、空間群、パラメーター、格子定数などを求めて、実験結果と構造モデルが一致するように、ある程度の試行錯誤が必要となる。結晶構造として空間群を導けない場合、たとえば、一分子やクラスターなどのような孤立した構造を計算する場合には、空間群を1として、あとはすべて原子の座標を導入して計算する。シミュレーションのパラメーターとして、たとえば焦点（フォーカス）と結晶の厚さをパラメーターとして変化させながら計算し、実際の観察像との比較を行う。

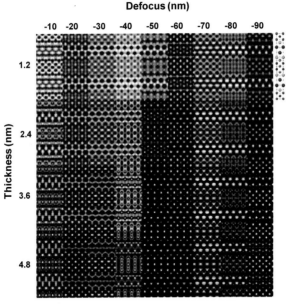

　★　$Bi_2Sr_2Ca_2Cu_3O_{10}$ の HREM 計算像のフォーカス及び結晶厚さ依存性

　図は $Bi_2Sr_2Ca_2Cu_3O_{10}$ の焦点および結晶の厚さを変化させながら計算した HREM 像である。電子顕微鏡のデフォーカス量と結晶の厚さにより、像のコントラストが大きく変化するのがわかる。実際の観察像とは、デフォーカス量 = −30 nm、結晶の厚さ = 2.7 nm の像がよく一致しており、そのシミュレーション像を次の実際の試料の観察像の右側に示してある。

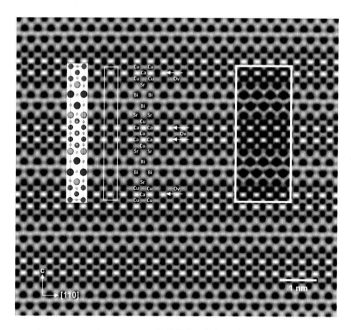

★　$(BiPb)_2Sr_2Ca_2Cu_3O_{10}$ の結晶学的画像処理後の HREM 観察像

　原子番号の大きい金属原子は直接黒い丸として観察されるが、原子番号が小さい酸素原子は、金属原子に対して結晶内のポテンシャルが非常に低く、構造像中では非常に弱いコントラストしか示さない。そのため、金属原子と同じように直接的に原子位置を決定するのは、ある特定の条件を除いては非常に難しい。しかし、構造像およびシミュレーション像を対応させ、**残差因子R_{HREM}** などにより解析すれば、原子番号の小さい酸素原子位置の決定や原子の個数も見積もることが可能である。

 ## 変調構造

　幅広く研究されている超伝導酸化物に加え、他にも様々な新規酸化物が発見されている。Ag_2SnO_3はごく最近発見された物質であり、Agのd^{10}電子の性質を反映し、ユニークな構造・電子的物性を有することが期待されているが、その正確な原子配列が未解明であった。

　図は、Ag_2SnO_3**変調構造**化合物の4方位から観察した電子回折パターンである。試料は、$K_2Sn(OH)_6$とAg_2Oを混合し、703 K、35 MPa酸素雰囲気下で固相反応により合成したものである。ここでは基本格子による指数を使用している。得られた電子回

折パターンを見ると、強度の強い基本格子の反射（白い点）に加えて、規則構造による強度の弱い反射が多数観察される。これらの**規則格子（超格子）**反射は、「変調構造」と呼ばれる、基本格子より大きな周期を有する構造より現れたもので、その原子配列を解明するためには、高分解能電子顕微鏡像が必要となる。

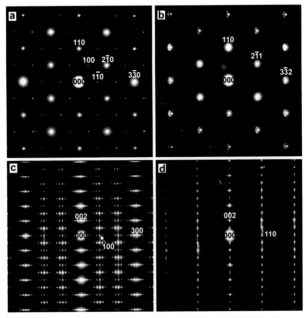

★　Ag₂SnO₃変調構造化合物の4方向から撮影した電子回折パターン

　そこで次図に、Ag_2SnO_3の4方位からそれぞれ観察したHREM像を示す。図(a)のHREM像の中において、Ag、Sn原子が明瞭な黒丸として原子番号の大きいSn（$Z = 50$）、Ag（$Z = 47$）の順に、より高い黒化度で観察される。この写真を見て、Ag原子位置が波打っているように見えるのに気づかれた方は、電子顕微鏡の素質がある方である。これは本書の印刷技術が悪くて、写真が歪んで印刷されたものではない。実際に、それぞれの金属原子が微妙にその位置を移動しているため、Ag原子の位置が波打って見えるのである。この像からAgやSn原子の移動距離を0.01 nmのレベルで正確に求めることができる。高分解能電子顕微鏡は、その微妙な移動距離を直接とらえることができるわけである。他の方向から撮影した高分解能像（図(b-d)）も合わせて、合計4方向からの原子配列直接観察の結果から、Ag_2SnO_3は、a軸方向にのみ基本構造の約6倍（正確には非整数で非整合構造と呼ばれる）の2.922 nmの周期

を持つ、Ag原子変位に起因する変調構造を有することが明らかになった。構築された変調構造原子配列モデル（空間群$P2_12_12_1$、$a = 2.922$ nm、　$b = 1.267$ nm、　$c = 0.562$ nm）の単位胞も図(e)に示す。この変調構造は、図(c)に示すように、3方向のドメイン構造を有している。

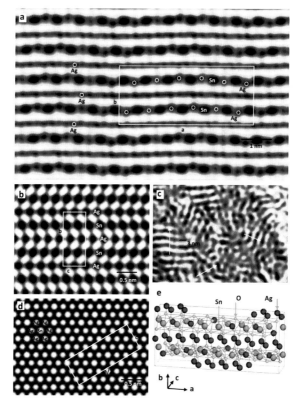

★　Ag_2SnO_3の (a)[010], (b)[100], (c)[$\bar{1}$90], (d)[001]入射 HREM 像と(e)原子配列モデル

　この原子配列モデルに基づくHREMシミュレーション像（次図(e)）は実験データとよい一致を示している。またこの原子配列モデルから計算した4方位における電子回折パターンは（次図(a-d)）、基本格子、超格子反射も含めて実験データに非常によく一致し構造モデルの妥当性を得ることができる。計算した電子回折パターンの指数は、新しい変調構造モデルに基づく指数を使用している。この変調構造においては、特にSn層中のAg原子はc軸方向にのみ周期的原子変位を生じており、Ag層そのものも周期的原子変位を生じているのがわかる。

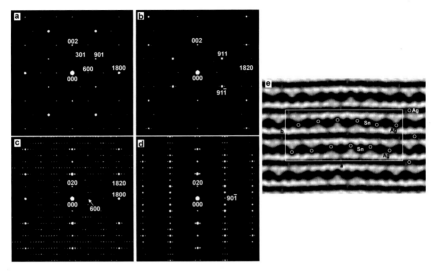

★ (a-d) 原子配列モデルから計算した電子回折パターン. (e) HREM シミュレーション像

　このようなわずかな原子の移動距離にどのような重要な意味があるのかと考える方もあるかもしれない。ところがそんなわずかな距離でも物質の性質は大きく変化してしまう。最もわかりやすく単純で身近な例は、よく知られている炭素である. ただ一種類の炭素（C）原子からなるにもかかわらず、原子配列・位置がほんの少し変わるだけで、ダイヤモンド、黒鉛、フラーレン、ナノチューブというように、様々な物質が生み出されてくる。性質も超硬物質、絶縁体、半導体、導電体、高熱伝導体など、原子配列のわずかな違いで、様々な機能・特性を示す。このようなことからも，原子の位置を正確に決定することがいかに重要なことであるかがわかり、特に高分解能電子顕微鏡を用いれば直接その情報を得ることができる。

　このような変調構造と呼ばれる、通常の構造からの揺らぎは、実際には様々な化合物においてしばしば観察される。例えば超伝導物質においても、Bi-Sr-Ca-Cu-O系超伝導酸化物における変調構造が有名である。他にもTl-Ba-Ca-Cu-O系やY-Ba-Cu-O系のなど多くの超伝導酸化物にこのような変調構造が存在することが、電子顕微鏡により見出されている。以上のような単結晶X線回折では非常に解析困難な、長周期の変調構造なども直接観察によるHREM像により解析が可能となってくる。また、変調構造を高次元の空間に移せば周期性のある**高次元結晶**と見なせる**超空間群**の概念で、3次元結晶と同じように空間群を定義でき、**複合結晶**や**準結晶**の構造解析に必要不可欠なものとして使われている。

微結晶と双晶構造

　他の方法では検出できないが、電子顕微鏡で明らかにできる構造の一つとして、**双晶構造**がある。ここではBN（Boron Nitride：窒化ホウ素）中に見出された新しい双晶構造について述べる。BNは、ホウ素（B）と窒素（N）が1:1というシンプルな組成を持ちながら様々な構造を持つ。

　菱面体晶窒化ホウ素（r-BN）を六方晶で見た場合 c 軸方向にABC...の3層構造になっているが、その c 軸方向に圧縮すると、六方晶の c 軸と等価な[111]方向にABC...の3層構造を維持したまま立方晶BN（c-BN）へと変化する。c-BNはダイヤモンドに次ぐ超硬物質であり、工業用にも様々な用途がある。ここでは、r-BNを2200℃、7GPa程度の超高温高圧処理を行いc-BNを合成した。r-BNから合成したc-BNナノ粒子集合体のTEM像を図(a)に示す。100 nm以下のナノ粒子が多数観察される。これらナノ粒子の電子回折パターンを図(b)に示す。c-BNの111、200、311で指数付けできるデバイシェラーリングと呼ばれる回折リングが現れる。これは多数の微結晶が様々な方向を向いて存在するときに現れるリングで、基本的には粉末X線回折と同じである。

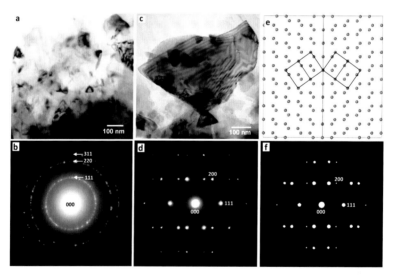

★　c-BN ナノ粒子集合体の(a)TEM 像および(b)電子回折パターン．(c)c-BN ナノ粒子と(d)電子回折パターン．(e) {111}双晶界面原子配列モデル．(f) (e)に基づき計算された電子回折パターン

　[01$\bar{1}$]方向から撮影したc-BNナノ粒子のTEM像と電子回折パターンを図(c)、(d)に示す。電子回折パターン中において二つの結晶からの回折スポットが現れ、111の回

折スポットと000の入射電子線を結ぶ線で回折パターンが対称になり、111反射を共有することから、{111}双晶構造であることがわかる。図(e)に{111}双晶構造の原子配列モデルを示し、図(f)にモデルに基づき計算した電子回折パターンを示す。実際に観察された図 (d)の実験データとよく一致しており、構築した構造モデルが妥当であることを示した。

ナノ粒子

　電子顕微鏡を使用しなければ得られない情報は多々あるが、そのうちの一つが5回対称構造である。3角形、4角形、6角形で平面を埋めることはできるが、5角形では平面を埋め尽くすことはできない。そのため長い間、結晶中には、**5回対称構造**は存在しないと考えられてきた。ところが現在までに、主に2種類の5回対称構造が電子顕微鏡により発見されている。一つはAl系合金において1984年に発見され世界中に大きな衝撃を与えた**準結晶**であり、コラムとHAADF－STEM像を既に示した。これは非周期的構造でありながら、**ペンローズパターン**などに基づいた準周期構造を持ち、シャープな5回対称電子回折スポットを示す特異な物質である。もう一つの5回対称構造は、ここで示すナノ粒子で、結晶中には通常存在しない「5回対称」構造が見出された。

　多重双晶粒子は、気相から成長させたfcc金属微粒子の成長の初期段階において見いだされたもので、興味ある構造と性質をもっている。特に通常の固体中には存在しえない5回対称を有する多重双晶粒子は、正四面体が5個双晶関係をもって重ね合わせたものとして理解できる。その際、最後に7°20'のすきまができることになる。ところが実際の粒子中にはそのような隙間はみられない。ということは、各々の正四面体が少し歪むことによって、そのすきまが埋め尽くされていることになる。つまりこの構造は内部に大きな歪を含んでおり、せいぜい50 nm程度しか成長できない。このことは理論的に予測され、また実際、図 (a)のAuナノ粒子に見られるように数 nm － 数10 nm程度のものが最もよく見出されている。この像において黒い丸はAu原子位置を示している。特に図(a)ではサイズが小さいために**格子歪み**は観察されないが、サイズが若干大きい図(b)では★印に示したようにAu結晶格子に歪みが観察される。

　同様の5角形粒子はCVD法で作製されたダイヤモンドにおいても見出された（図(c)）。ダイヤモンド構造は基本的にはfcc的構造であり、格子歪みはAuの場合と同様かなり大きいことが予測される。実際に図(d)の電子回折パターンを見ると、多数の**積層欠陥**によるストリーク（白い線）が観察され、若干5回対称性が崩れている。

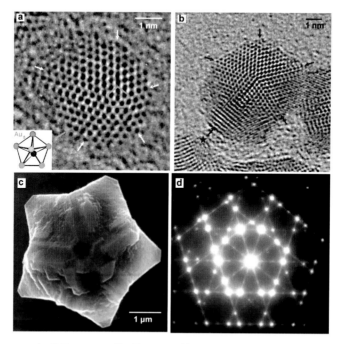

★ (a,b) Au ナノ粒子の HREM 像. ダイヤモンド粒子の(c)SEM 像と(d)電子回折パターン

5回対称多重双晶粒子

　CVD 法により合成した BN 中においても、多数の五点星構造が見出された。析出温度、ガス圧、ガス原料などの条件を変えて作った様々な CVD-BN を電子顕微鏡で観察すると、図に示すような、様々な形の 5 回対称析出物が現われてきた。

　電子顕微鏡で観察されているマトリックス中のこれらの 5 回対称構造は、回折条件（ブラッグの条件）を満たしているものが黒いコントラストを示している。つまり、例えば試料の傾きを変化させていくと図に観察されている 5 回対称構造が消えて、代わりにその周囲のマトリックスのように見える部分から新たな 5 回対称構造が現れてくるのである。

　このCVD-BNは、図に示す電子回折パターンから、**ターボストラティック構造**（t-BN）と呼ばれる乱れた構造のマトリックス中に存在することがわかった。この構造は、六方晶BNの{001}面間隔は保ちながら、面と面の相関関係の乱れた構造である。図(b)は同様にCVD-BNのマトリックスの電子回折パターンであるが、図 (a)と比較すると、002のリングがほとんど見えず、かわりに100、110のリングが大変強く現

れている。これはマトリックスの *t*-BNの*c*軸が、紙面に垂直になっていることを表している。このように電子回折パターンに現れる指数によって、試料の配向性を知ることもできる。

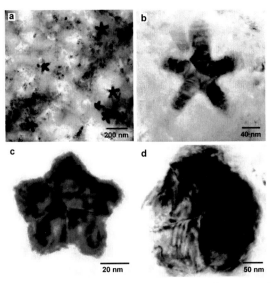

★ (a) CVD-BNのTEM像と(b)拡大像. (c)1800℃、(d)2000℃で合成したBNナノ粒子

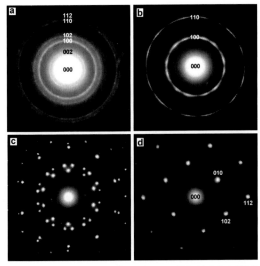

★ (a,b) CVD-BNのマトリックスの電子回折パターン. (c) 5角形粒子から撮影した5回対称粒子の電子回折パターン. (d) 5角形粒子の一領域で撮影した電子回折パターン.

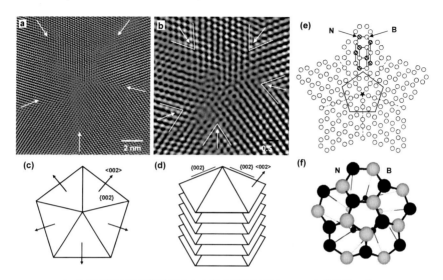

★ (a,b) 5回対称星型粒子の中心部の HREM 像と、(c,d) 全体構造モデル
(e) 原子配列モデル. (f) 分子軌道法による BN クラスター

　このt-BNマトリックス中に六方晶BN（h-BN）が析出すると、5回対称構造となる
ことが明らかとなり、この5回対称の粒子の構造を示しているのが図(c,d)の電子回折
パターンである。図(c)の電子回折パターンは、5角形粒子から撮影されたものであ
り、はっきりと5回対称を示している。さらに、5角形粒子は5つの領域に分かれてい
るが、その領域の一つから電子回折パターンを撮影すると、図(d)を得ることができ
る。この電子回折パターンは、六方晶BN（h-BN）の[20$\bar{1}$]入射で指数付けすること
ができる。図(c)の5回対称の各々のスポットは、5種類のh-BNが72度ずつ傾いたスポ
ットに分けることができ、すべての回折スポットは、5角形粒子の各々の領域からの
回折スポットの重ね合わせとして説明できる。
　さらに、5回対称星型粒子の中心部の画像処理後のHREM像を、次図(a)に示す。矢
印で示したところが、5つの領域の境界である。中心部の拡大像が図(b)であり、六方
晶BNの{100}（白線）による格子縞が5つの境界で双晶関係（鏡の関係：白線）にな
っているのがわかる。中心部を見ると若干構造の乱れが観察され、5回対称ナノ粒子
の原子レベルでの構造歪によるものと考えられる。

演習問題

1. 菱面体晶窒素ホウ素(r-BN)は、限定された合成条件で発見され、その構造から立方晶BNに変換可能であり興味が持たれる。右図は、電子顕微鏡で見出されたr-BN双晶粒子の電子回折パターンである。双晶面を求めよ。
   [{113}]

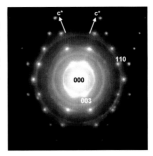

コラム　　　　　　**量子論と生命と地球**

　我々の毎日の生活には、物理法則はとても役立っているが、この物理法則は、「人生の意味」について、何も教えてくれないように思われていた。しかし、量子論は「人間の選択」を物理学にとりいれてきた。量子論はもともと、心理物理学的なもので、意識は、心理学的な言葉と、数学的な言葉であらわすことができ、その数学的な言葉が量子論なのである。

　宇宙をありのままにみるには、科学の統合が必要になる。量子論は、数学的にも論理学的にも、原子から宇宙、そして生命から意識まで、科学をまとめてくれる役割を果たしてくれそうである。量子論からみると、人間は、単なる物質的な原子集合体ではなく、非局在的に宇宙につながる統合体である。宇宙が量子論に従うとすると宇宙はアイデアのようなものとなる。

　このことは、何を意味するのか？宇宙全体は、物質というよりも情報であり、さらに意識的な量子状態ですべてがつながっているということになる。つまり人間は、進化する宇宙に関わり、人間の意識が宇宙の進化を左右し、意味をあたえているのである。

　人間の意識と宇宙全体のつながりの一例にガイア仮説がある。これは地球を「巨大な生命体」とみる仮説で、1960 年代に、NASA で働いていた大気学者であるラブロックが提案した仮説である。地球と生物の関わりあいを示した理論で、お互いに自分と相手をよりよく保とうとし、地球全体の環境を形づくっていることを示したものである。最初は、この理論に反対する人もいたが、徐々に賛同する人も増えてきて、会議も開かれるようになってきた。このようなガイア仮説も、量子論の非局在性によって、おたがいのつながりを説明できるようになってくる。

　実際に我々の意識や行動は、地球環境に大きく影響している。我々の意識は、脳、身体、行動、そして周りの環境まで変えていく。地球は、我々を含む多くの生命体の「融合体」といってもよさそうである。

コラム　固体物性を学んで得られるもの

　テキストを見るとよくわからない式や理論がいろいろでてきて、これを使って様々な問題を考えたり解いたりする。なぜこんなことをしなければならないんだ、と感じられた方もおられるかもしれない。

　研究室に配属されると卒業研究が始まる。卒業研究では、自分で考え、計算し、実験し、考察しなければならない。実験前の準備には様々な計算が必要になってくる。さらに実験で得られたデータの解析にも計算が必要になる。研究室に配属される前に、充分な訓練を受けていないと、そのような計算もできない。また仮にできたような気になっていても、間違った計算をしていて、そのままずっと研究を進めている、という学生さんも現実にいる。かなり研究が進んでからそのような間違いがわかったら、実験がすべてやり直しになる可能性もあり、目も当てられない。

　正直なところ、テキストにでてきた理論や数式すべてが、自分の研究に直接役立つとは限らない。しかしこのテキストで、未知の考え方や数式を使い、様々な物質の現象を計算することを一時期、集中的に学びチャレンジしていくことに慣れておけば、実際の数値計算や単位に関する感覚にも少しずつ慣れてきて、研究の途上で新しい概念、理論、計算方法に出会っても、少しは抵抗なく立ち向かえる可能性がでてくるのではないだろうか？

　今まで、国内外の多くの大学院生たちを見てきた。そして感じることは、誰でも同じように優秀な素質を持っているということである。同じ人間なのだから、そんなに大きく違うはずがない。ただ、自身の中に埋もれている素質を開花させるには必要なこともある。

　一番重要なのは、心の素直さと行動力である。素直な人は伸びるのも早いし、黙ってすぐ行動する。これは頭の良さとは関係がない。また、心の持ち方と使う言葉も大切である。研究でも少々難しいことにぶつかると、「できない、無理だ、不可能だ」という言葉が返ってくることがある。そう言ったとたん、そのことはその人にとっては、不可能になる。他の人にはできるのに、自分にはできなくなってしまうのである。プラスの言葉、マイナスの言葉、どちらを使っても、それが自分の人生に確実に影響していく。人生がうまくいくのもいかないのも、すべては自分の責任なのである。人はついつい他人や環境のせいにしてしまいがちである。しかしすべては 100%自分の責任である。このことに早く気づけば、それだけ自分の人生を有意義なものにしていくことができる。

　学校生活、授業、クラブ活動、研究、実験、その他の人間関係でも、うまくいかないことも多々あるであろう。何か障害があると、嫌だなあ、めんどうくさいなあと思ったり、場合によっては逃避してしまう人もいる。よくお寺にこもって座禅を組んだり、山奥で冷たい滝に打たれて修行する人たちがいるが、何もそこまでしなくても今ここで十分修行ができるのである。すべて自分の思い通りになる人なんていない。自分が今いる場所で、様々な障害を克服していくことで、その人は成長できるのである。

　固体物性の勉強も「滝に打たれにでも行くか」くらいに少々気楽に考えて、難しそうに見える数式も、「これは〇〇の滝」とか自分で勝手に名前をつけて楽しんでみてもいいかもしれない。

詳しく知りたい人のための参考図書（年代順）

固体物理・固体化学一般

- A. R. ウェスト 著、ウエスト 固体化学入門、遠藤忠、武田保雄、井川博行、池田攻、伊藤祐敏、菅野了次、君塚昇、泰松斉 (翻訳)、講談社 (1996).
- 黒沢達美 著、物性論、裳華房 (2002).
- C. キッテル 著、キッテル 固体物理学入門 第8版（上・下）、宇野良清、津屋昇、新関駒二郎、森田章、山下次郎 (翻訳)丸善 (2005).
- 沼居貴陽 著、固体物性入門、森北出版 (2007).
- 斯波弘行、基礎の固体物理学、培風館 (2007).
- H. イバッハ、H. リュート 著、固体物理学－改訂新版、石井力、木村忠正 (翻訳)、シュプリンガージャパン (2008).
- A. R. ウェスト 著、ウエスト 固体化学 基礎と応用、後藤孝、武田保雄、君塚昇、池田攻、菅野了次、吉川信一、角野広平、加藤将樹 (翻訳)、講談社 (2016).
- 村石治人 著、基礎固体化学、三共出版 (2016).

半導体一般

- 浜川圭弘、 桑野幸徳 著、太陽エネルギー工学、培風館 (1994).
- S. M. ジィー 著、半導体デバイス、南日康夫、川辺光央、長谷川文夫 (翻訳)、産業図書 (2004).
- 産業技術総合研究所太陽光発電研究センター 著、トコトンやさしい太陽電池の本、日刊工業新聞社 (2007).
- 太陽電池 2008/2009、日経 BP (2008).
- 松浦秀治 著、絵でわかる半導体工学の基礎、ムイスリ出版 (2009).

材料一般と結晶構造解析

- 進藤大輔、平賀賢二 著、 材料評価のための高分解能電子顕微鏡法、 共立出版、(1996).
- P. Villars, Pearson's Handbook: Desk Edition: ASM International Revised版 (1998).
- B. D. カリティ 著、松村源太郎 (翻訳)、新版 X線回折論、アグネ承風社 (2000).
- 奥健夫 著、これならわかる電子顕微鏡－マテリアルサイエンスへの応用、化学同人 (2004).
- 松原英一郎、田中功、大谷博司、安田秀幸、沼倉宏、古原忠、辻伸泰著、金属材料組織学、朝倉書店 (2011).
- 奥健夫 著、三次元原子宇宙 CD-ROM、三恵社 (2018).

本文中の図表の引用もしくは改編後引用一覧（本書中の項数）

- キッテル 固体物理学入門 第8版：P. 19, 20, 59, 61, 64, 70, 73下, 82, 92下, 94下, 96右, 112, 116下右, 124下, 125上/下, 126上, 140上, 144, 146上, 152, 159, 160中, 161
- 固体物性入門：P. 29, 53, 72, 67, 69, 80, 84, 87, 94上, 98上, 101下, 106, 107, 109, 113, 116下左, 131, 135, 146下, 148, 160上, 163
- 物性論：P. 28, 51, 52, 57, 58, 66, 80上右, 92上, 93, 99, 121, 132, 145, 158, 172, 176
- 基礎固体化学：P. 13, 14, 85, 146中、178, 180, 181上/中
- 金属材料組織学：P. 171表, 175, 177
- 固体物理学－改訂新版：P. 73上, 95, 136
- ウエスト 固体化学入門：P. 18, 133, 140下, 141中下
- ウエスト 固体化学 基礎と応用：P. 23表
- 半導体デバイス：P. 124上/中, 125中
- トコトンやさしい太陽電池の本：P. 78, 79左, 108上, 117上右
- 絵でわかる半導体工学の基礎：P. 81, 104, 108下, 109, 111
- 基礎の固体物理学：P. 164 上
- 太陽電池 2008/2009：P. 123 上/中
- 太陽エネルギー工学：P. 119右
- 大学生の化学、大野惇吉著、三共出版 (2005)：P. 50下
- アインシュタイン150の言葉、Jerry Mayer, John P. Holms, ディスカヴァー21編集部 (1997)：P. 36
- アインシュタインにきいてみよう アインシュタイン150の言葉、弓場隆編訳、ディスカヴァー21 (2006)：P. 36
- エジソンの言葉、浜田和幸、大和書房 (2003)：P. 136
- http://ja.wikipedia.org：P. 75, 80上左, 150上
- http://www.asahi.com/science/：P. 24
- http://atomicorbital.ojaru.jp/index.html：P. 50 上
- http://iyashitour.com/meigen/greatman/einstein：P. 62, 128
- http://www.nedo.go.jp/：P. 119左
- http://www.jst.go.jp/kisoken/presto/complete/ryousi/theme/01-02kitano.html：P. 162
- http://snowcrystals.com/：裏表紙 雪の結晶

さくいん

● ●

著者紹介

奥　健夫（おく　たけお）

滋賀県立大学工学部材料科学科・教授。東北大学大学院工学研究科原子核工学専攻
修了（工学博士）後、京都大学大学院工学研究科材料工学専攻・助手、スウェーデ
ン・ルンド大学国立高分解能電子顕微鏡センター・博士研究員、大阪大学産業科学
研究所・助教授、英国ケンブリッジ大学キャベンディッシュ研究所・客員研究員な
ど。著書に『これならわかる電子顕微鏡』（化学同人）、『動かして実感できる三次
元原子の世界』（工業調査会）、『成功法則は科学的に証明できるのか？』（総合法令
出版）、『夢をかなえる人生と時間の法則』（PHP 研究所）、『光情報エネルギー科学』
『光量子物性概論』『三次元原子宇宙』（三恵社）、『Structure Analysis of
Advanced Nanomaterials』『Solar Cells and Energy Materials』（De Gruyter）、
訳書に『時間の波に乗る 19 の法則（アラン・ラーキン著）』（サンマーク出版）。

固体物性科学

2021 年 10 月 1 日発行

著　　　者　奥　健夫

発　行　所　株式会社 三恵社
　　　　　　〒462-0056　愛知県名古屋市北区中丸町 2-24-1
　　　　　　TEL.052-915-5211　　FAX.052-915-5019
　　　　　　URL https://www.sankeisha.com

ISBN 978-4-86693-065-7　C0012